DeepSeek

AI时代的超级助手

张保文 著

中国石化出版社
·北 京·

DeepSeek

内 容 提 要

《DeepSeek：AI 时代的超级助手》是一本面向普通读者的简明实用手册，全书以通俗易懂的语言和丰富的实例，帮助读者认识 DeepSeek，掌握其在创意、办公、生活、学习四大方面的核心使用技巧，基本涵盖了 DeepSeek 在普通用户日常生活中的全部场景，是一本“即学即用”的工具宝典。

图书在版编目（CIP）数据

DeepSeek：AI 时代的超级助手 / 张保文著 .
北京：中国石化出版社，2025. 6. -- ISBN 978-7-5114-7986-0

Ⅰ . TP18

中国国家版本馆 CIP 数据核字第 2025B54Z12 号

中国石化出版社出版发行

地址：北京市东城区安定门外大街 58 号
邮编：100011 电话：(010) 57512500
发行部电话：(010) 57512575
http://sinopec-press.com
E-mail:press@sinopec.com
三河市刚利印务有限公司印刷
全国各地新华书店经销

*

880 毫米 × 1230 毫米 32 开本 5 印张 125 千字
2025 年 6 月第 1 版 2025 年 6 月第 1 次印刷
定价：39.00 元

前言

如果你是一名正在为文案标题发愁的小红书博主，DeepSeek能够瞬间为你提供10个吸睛标题；如果你在开会时，老板突然要看数据报告，DeepSeek可以3分钟生成带图表的分析；如果假日你想带全家去露营，DeepSeek可以秒出攻略，从装备清单、天气预报到营地附近的网红餐厅一应俱全。不仅如此，DeepSeek还能在你写论文时帮忙找文献，学外语时陪你练口语。

“工作同事”“生活管家”“学习搭子”……遇事不决找AI。在人工智能技术迅猛发展的今天，AI已不再遥不可及，而是像水、电等基础设施一样，逐渐深入我们工作、学习、生活的方方面面，为我们提供行之有效的解决方案。作为国产AI之光，DeepSeek凭借其强大的技术实力和广泛的应用场景，正成为越来越多人提升效率、激发创意的得力助手。

然而，面对这样一个功能丰富且不断进化的工具，许多普通用户可能无从下手——如何快速掌握它的核心功能？如何将其灵活应用于实际场景？如何在与AI的协作中实现自我提升？这些问题正是本书想要解答的。

作为一本面向普通读者的简明实用手册，我们以“即学即用”为目标，力求以通俗易懂的语言和丰富的实例，帮助读者认识DeepSeek，掌握其使用技巧并迅速上手，提高工作、学习、生活的效能。

本书分为三大部分，兼顾基础知识与实践应用。

第一部分为DeepSeek的概述，讲述DeepSeek的基本原理、核心功能、应用场景，以及提示词技巧等，让读者了解“DeepSeek能做什么”。

第二部分通过具体场景的案例演示，详细解析其核心功能和常见应用场景，让读者可以快速上手。比如，创意设计领域的公众号文章、小红书内容、短视频脚本、营销方案、广告创意等，都可以用DeepSeek激发灵感，提升创作效率。在日常办公中，从邮件回复、会议管理到数据分析、PPT制作、合同审查等场景，DeepSeek都可以助力职场人士轻松驾驭烦琐任务，聚焦更高价值的事务。在生活中，DeepSeek可以成为你的私人助理，协助做好健康监护、情绪管理、消费计划、旅游攻略和时间管理等。在学习方面，无论是论文写作、外语学习、应试备考，还是职业规划和科学研究，DeepSeek都可以成为你的个性化学习伙伴。

第三部分，我们探讨AI时代个体如何持续进化。如今，人机协同已经逐渐成为日常工作、学习、生活的新范式。AI不仅是工具，更是伙伴。我们不仅要掌握AI工具的使用技巧，更重要的是培养AI思维，建立人机协作习惯。与AI融合发展、持续迭代，才能应对AI时代的挑战，为未来的职业发展和个人成长做好准备。

AI时代已经到来，而DeepSeek正是打开AI时代的一把钥匙。通过普及DeepSeek的应用知识，我们希望让更多普通人能够享受到AI技术带来的便利，助力社会整体效率的提升。无论你是职场人士、创意工作者、学生，还是对AI充满好奇的创新者，希望本书都能成为你的向导，帮助你掌握AI时代高效能工作和生活的密码。同时，也愿你在阅读本书后，不仅可以熟练使用DeepSeek，更能够培养AI思维和人机协同的习惯，与AI同行，成为AI的驾驭者，拥抱这个充满机遇的时代！

目 录

DeepSeek：AI时代的超级助手

第1章

国产AI之光：认识DeepSeek

第2章
破冰：DeepSeek的使用准备

第3章
AI之钥：DeepSeek提示词基础与技巧

第4章
创意设计：如何使用DeepSeek创作爆款内容

第5章 办公提效：如何使用DeepSeek提升工作效率

第6章 AI+生活：如何使用DeepSeek打造AI私人助理

第7章

辅助学习：如何使用DeepSeek开启高效学习之旅

第8章

持续进化：与AI融合发展

第1章 国产AI之光：认识DeepSeek

1.1 DeepSeek是什么

DeepSeek（杭州深度求索人工智能基础技术研究有限公司）成立于2023年7月，由量化投资机构幻方量化的联合创始人梁文锋创立。DeepSeek的诞生，基于它对于传统大模型“高成本、高算力依赖”痛点的反思。当时，全球AI领域正陷入规模化法则（Scaling Law）引发的算力竞赛。在规模化法则之下，模型性能提升高度依赖算力堆砌，导致训练成本动辄数亿美元，且闭源模式形成技术垄断。DeepSeek的出现，打破了“算力霸权”，通过算法优化和开源生态，推动了AI技术的普惠化。

DeepSeek发展的核心节点与里程碑

时间	事件	技术/战略意义
2023年7月	深度求索（DeepSeek）成立	专注通用人工智能（AGI）研发
2023年11月	发布首个开源代码大模型DeepSeek Coder，支持多编程语言生成与调试	开启代码智能领域探索，降低开发者编程门槛
2024年1月	推出DeepSeek LLM（670亿参数），进军通用自然语言处理领域	从垂直领域向通用AI转型，提供文本生成、问答等解决方案

（续表）

时间	事件	技术/战略意义
2024年5月	发布DeepSeek-V2（2360亿参数），首次采用混合专家（MoE）架构，降低计算成本40%	突破传统Transformer架构局限，实现“小模型办大事”策略，挑战算力霸权
2024年12月	DeepSeek-V3开源（6710亿参数），优化MoE架构与FP8混合精度训练，性能对标闭源模型	推动低成本高性能AI普及，总训练成本仅557.6万美元（为GPT-4o的1/20）
2025年1月	发布DeepSeek-R1（660亿参数），推理能力比肩OpenAI-o1，完全开源并透明化推理过程	打破国际AI研发“高投入”固有认知，技术平权进程加速
2025年1月28日	推出Janus-Pro多模态模型，支持图像、视频、音频等六模态输入与生成	实现跨模态理解与生成双向突破，推动“具身智能”发展

2025年3月7日，DeepSeek登顶全球AI应用排行榜第2名（仅次于ChatGPT），中国多款模型进入Top20，确立国际竞争力，这也标志着中国AI技术生态的崛起。

1.2 DeepSeek的技术突破与独特优势

DeepSeek在模型架构、模型训练、算法效率、多模态能力、部署方式、模型开源、本土化等方面进行了系统创新与技术突破。其中混合专家架构（Mixture of Experts，MoE）通过动态激活子模型的方式提升推理效率，在保持性能的同时降低计算资源消耗。多头潜在注意力（Multi-Head Latent Attention，MLA）替代传统多头注意力（Multi Head Attention），利用低秩键值联合压缩（Low-Rank Key-Value Joint Compression）降低推理成本，提升性能。

DeepSeek的技术突破主要表现在五个方面：

1.2.1　算法效率与模型架构创新

DeepSeek的混合专家模型架构，可以为每一个token分配最适合的专家模型，如医疗诊断系统仅调用病理分析专家，计算量大大减少且同时保持专业领域精度。

1.2.2　算力与训练成本优化

DeepSeek采用自研分布式训练框架，结合模型压缩和轻量化技术，将R1模型的训练成本压缩至约550万美元，远低于OpenAI GPT-4o上亿美元的训练成本。

1.2.3　中文语境与本土化优势

中文语境的本土化适配是DeepSeek的一大优势。在SuperCLUE评测中，DeepSeek在中文复杂语义理解、成语、方言处理等任务中表现突出。DeepSeek依托国内庞大的中文数据集，模型在文化语境适配性上优于国际竞品，更适合中文本土化需求。

1.2.4　高效部署与低成本普惠

随着深度学习模型变得越来越庞大和复杂，将其知识迁移至小型、轻量化的模型，已经成为AI技术走向实际生产的关键路径。

DeepSeek通过模型蒸馏（Model Distillation）和模型量化（Model Quantization）等大模型压缩技术，将671B参数模型压缩至1/10规模，推理速度提升3倍。模型蒸馏是一种知识迁移的方法，将一个大型、性能较好的“教师模型”（Teacher Model）的知识迁移到一个小型、更高效的“学生模型”（Student Model）中。通过这种方式，学生模型可以在保持较高准确性和泛化能力的同时，减少参数数量，降低计算复杂度；模型量化是一种通过减少模型参数，降低计算表示精度来压缩模型的技术，其主要目的是将浮点数参数转换为低精度整数，如8位或更低，从而减少存储需求，降低计算成本。

DeepSeek可以与国产芯片适配，使得中小企业云端API月成本低于千元，大大推动了AI技术普及。此外，对于更多个体用户来说，DeepSeek实现了多终端覆盖，支持网页、iOS、Android等多平台同步。个人开发者可以在i5+8GB内存PC训练行业模型，打造"私人智脑"，实现从信息处理到决策优化的全方位赋能。

1.2.5 开源生态

DeepSeek在全球范围内形成了较强的开源生态，开源策略直接带来用户量指数级增长，构建起强大的竞争壁垒。DeepSeek开源策略吸引开发者共建生态，降低了试错成本。DeepSeek支持轻量化、私有化部署和定制化开发，可以更好地满足金融、政务等高安全需求场景。此外，DeepSeek的MaaS（模型即服务）平台，允许开发者在微调模型后直接上架分成，加速技术商业化落地。

DeepSeek与国内外主流大模型对比

对比维度	DeepSeek	OpenAI GPT系列	国内大模型
核心技术架构	混合专家模型（MoE），参数6710亿，动态激活子模型	密集模型架构，参数规模超万亿	密集模型或混合架构，参数规模相近
训练成本	API成本为OpenAI的1/30	训练成本超7800万美元，API定价高	训练成本较高，依赖国产算力适配
中文处理能力	CLUE评测排名前列，支持方言、成语场景	中文处理依赖翻译与迁移学习，流畅度较低	中文优化较好，但垂直场景适配性不足

（续表）

对比维度	DeepSeek	OpenAI GPT系列	国内大模型
开源与生态	完全开源，支持社区协作与商业化分成	闭源，仅提供API服务	部分模型开源，生态协作有限
行业落地能力	四大部署方案覆盖金融、医疗、政务等场景，支持定制开发	通用型解决方案为主，定制化成本高	聚焦通用场景，垂直领域方案较少
数据安全合规	私有云方案支持国产化算力，数据不出域	依赖国际云服务，数据合规风险较高	部分支持私有化部署，但灵活性较低

DeepSeek通过算法创新、成本优化和本土化适配，在中文大模型领域形成显著优势。其开源策略与行业解决方案的灵活性，使其在商业化落地和生态建设上具有自身独特优势，相较于OpenAI的高成本通用模型，DeepSeek以“高性价比+垂直深耕”模式开辟了差异化竞争路径。

当然，DeepSeek仍存在一定的局限性。比如，DeepSeek用户量暴增导致服务器频繁崩溃，凸显算力基础设施仍需升级；模型幻觉问题尚未完全解决，需结合人工审核与RAG技术（检索增强生成，Retrieval-augmented Generation）保障输出可靠性，即：当模型需要生成文本或者回答问题时，它会先从一个庞大的文档集合中检索出相关信息，然后利用它们指导文本的生成，从而提高预测的质量和准确性。

1.3 解锁DeepSeek核心功能

DeepSeek具有复杂推理与逻辑分析、多模态交互、长文本处理等核心功能。

1.3.1 复杂推理与逻辑分析能力

DeepSeek通过优化算法和硬件利用，如FP8混合精度训练（FP8格式仅需8位存储空间，相比传统的FP32大大减少了内存需求），在显著降低计算成本和内存占用的同时，还可以保持高效的训练效率和强大的推理能力，显著提升数学证明、代码生成等高难度任务的解决能力，这也使得DeepSeek在MATH-500、Codeforces和MMLU等多项基准测试中取得了卓越成绩。

DeepSeek的复杂推理与逻辑分析能力，不仅限于简单的逻辑推理，还包括数学问题求解、科学理论验证、法律条文解析等多个领域。在学术研究领域，DeepSeek可以帮助研究人员快速验证复杂的科学假设，提供逻辑严密的推理过程；在教育领域，它可以作为智能辅导系统，帮助学生理解复杂的数学和物理问题；在法律行业，它能够解析复杂的法律条文，辅助律师进行案件分析和策略制定；在金融领域，它还可以用于风险评估和投资决策，提供基于逻辑推理的精准分析，等等，成为企业和个体用户提升效率，高效决策的“AI智脑”。

1.3.2 多模态交互能力

DeepSeek的多模态交互能力，允许用户通过多种方式与系统进行交互，包括文本、语音、图像和视频等。DeepSeek能够理解并处理来自不同模态的信息，实现跨模态的语义理解和信息融合，这为用户提供了更强大的功能和更加丰富的交互体验。

比如，在智能客服领域，DeepSeek可以通过语音和文本的混合交互，提供更加自然和高效的服务体验；在医疗行业，医生上传医学影像和病情描述后，DeepSeek能够结合图像和文本信息，提供精准的诊断建议；在教育领域，学生通过语音提问和上传图片，

DeepSeek能够提供多模态的学习资源和解答；在智能家居领域，用户通过语音和手势控制设备，DeepSeek能够理解并执行复杂的多模态指令。

1.3.3 长文本处理

通过高效的文本解析和信息提取技术，DeepSeek能够快速理解长文本的语义结构，提取关键信息，并生成摘要或进行深入分析。这一功能还包括文本分类、情感分析、主题建模等高级文本处理任务。

在新闻媒体行业，DeepSeek可以自动生成长篇新闻稿的摘要，帮助编辑快速了解内容要点；在学术研究领域，研究人员可以利用DeepSeek对大量文献进行自动分类和主题分析，提高研究效率；在企业内部，DeepSeek可以处理长篇报告和合同文档，提取关键条款和风险点，辅助决策制定；在出版行业，DeepSeek能够对长篇书籍进行内容分析和读者反馈预测，帮助出版商优化出版策略。

1.4 DeepSeek的常见应用场景

对于个体用户而言，DeepSeek可以提供覆盖职业发展、生活服务与个人成长等场景的全面智能解决方案。

1.4.1 职业效能升级

1. 创意生产力工具

最常见的场景是智能写作辅助，快速生成工作报告、演讲稿、简历、PPT等文档，支持格式优化与内容提炼。比如，用户在输入工作成果与目标后，可以通过DeepSeek自动生成季度总结初稿；可以通过DeepSeek将项目文档转化为结构化的PPT大纲；输入创作关键词，可以生成短视频分镜脚本；根据最新法律条款，可以智能更新法务合同；导入行业数据，可以输出市场趋势预测报告，等等。

2. 专业技能增强

DeepSeek能够在多个领域提升专业技能，比如，在数据分析场景，DeepSeek通过自动化数据清洗、特征工程和模型训练，显著提升用户的数据处理能力；在智能客服场景，DeepSeek的对话模型支持多轮语义理解与个性化回复生成，客服人员通过平台可快速构建行业知识库，系统自动解析用户咨询意图并生成合规话术；在电商场景，DeepSeek的推荐算法框架，可帮助电商运营人员构建个性化推荐系统；在国际商务场景，中文草稿经DeepSeek优化后，可以输出符合国外商务礼仪和跨文化沟通的邮件等。

1.4.2 智能生活助手

1. 个性化消费决策

DeepSeek可以基于用户偏好生成购物清单、旅行计划等生活管理方案。比如，家庭主妇在输入家庭人数与饮食偏好后，DeepSeek可以输出一周食谱及对应生鲜采购清单；健身爱好者可以通过DeepSeek获得运动装备、健康食谱及本地健身房优惠信息的整合推荐；DeepSeek还可以自动筛选全网低价渠道并叠加平台折扣券，帮助用户实现智能比价与优惠券匹配。

2. 健康与生活管理

用户可以通过DeepSeek进行健康监测和管理。通过导入用户健康数据，DeepSeek可以生成适配菜谱、睡眠优化方案、健康管理建议和方案等。比如，糖尿病患者拍照上传三餐照片，可以获取升糖指数评估与替代食谱；用户记录一周情绪波动情况后，DeepSeek根据情绪日记分析焦虑源，可以提出压力管理建议，推荐定制冥想课程等。

1.4.3　个人成长与职业发展支持

1. 职业竞争力分析与规划

现实中越来越多的人已经开始利用DeepSeek强大的算力，辅助自己进行职业决策，如简历优化、面试“预演”、制定职业规划建议等。以某金融从业者为例，他在输入个人履历后，系统可以识别他的晋升瓶颈，自动推送相关课程与认证路径；用户还能通过模拟面试功能，获得AI对沟通逻辑、专业深度等方面的评估报告，并结合行业薪资大数据，制定3年职业规划，提升岗位适配度。

2. 个性化学习路径构建

基于知识图谱技术，DeepSeek可以为不同职业阶段用户设计自适应学习方案。平台通过诊断测试评估用户技能水平，将复杂知识模块拆解为可执行的“微能力单元”。例如，产品经理可选择“AI产品设计”赛道，系统将串联需求分析、原型Prompt工程、伦理风险评估等学习节点，配套真实企业案例库，并通过学习行为分析动态调整难度。

1.4.4　法律与财务辅助

1. 个人权益保障

许多人都有租房的需求。用户上传合同文本后，DeepSeek可以智能审查租房合同并自动标注风险条款，生成协商话术模板，帮助用户规避租房合同押金陷阱，避免潜在损失。在一些意外事件中，比如交通事故处理场景，当用户输入事故经过与照片后，DeepSeek可以输出责任划分参考及理赔流程指南，提升交通事故处理效率和理赔成功率。

2. 智能理财规划

DeepSeek依托AI技术与金融大数据，可以为个人提供高效智能理财服务。DeepSeek通过风险测评、收支结构及投资目标分析，可以生成个性化资产配置方案；针对理财新手，DeepSeek还可以通过虚拟市场演练培养长期投资理念，同时整合家庭收支、教育养老等场景，实现全生命周期的理财规划。

综上所述，DeepSeek可以深度融入职业发展、生活服务、个人成长、资产管理等场景，重塑个人数字化生存方式。持续使用DeepSeek，可以显著节省我们在工作和生活中的一些重复性事务上所花费的时间，将更多精力用于更高价值的创造性工作，或者休闲生活。

第2章

破冰：DeepSeek的使用准备

2.1 DeepSeek产品介绍

DeepSeek以高性能、低成本、开源化为核心优势，覆盖通用对话、代码生成、多模态交互等领域。DeepSeek主要的大模型产品有DeepSeek-R1、DeepSeek-V3、DeepSeek Coder等。

DeepSeek主要大模型产品概况

产品名称	产品介绍	优点	适用场景
DeepSeek-R1	高性能通用大模型，参数规模671B，支持多语言、多模态交互，性能对标OpenAI o1	1.数学、代码、自然语言推理能力优秀；2.支持32K超长上下文窗口；3.低延迟、高吞吐量；4.多平台适配，如华为云、飞书、国家超算互联网	1.科研数据分析；2.复杂编程任务；3.教育领域智能辅导；4.企业级AI应用开发
DeepSeek-V3	自研MoE架构模型，参数规模671B，生成速度达60 token/s，完全开源	1.训练成本低，仅为GPT-4 MoE的1/6；2.多语言处理能力强；3.支持图像生成与AI绘画；4.价格灵活，错峰时段降价	1.智能客服与聊天机器人；2.多语言实时翻译；3.短视频内容生成；4.政务与金融领域自动化流程

（续表）

产品名称	产品介绍	优点	适用场景
DeepSeek Coder	专注代码生成的大模型，支持338种编程语言，提供1B至33B多版本选择	1.代码生成质量高，超越CodeLlama、GPT-3.5；2.支持项目级代码补全与调试；3.完全开源且免费商用	1.软件开发与代码优化；2.编程教学与实验；3.企业级代码自动化生成

2.1.1 DeepSeek-R1：高性能通用大模型

1.技术特性

基于671B参数规模，采用动态注意力机制与混合精度训练框架，支持32K超长上下文窗口；通过英伟达Blackwell架构GPU优化，推理性能较传统方案提升36倍，算力成本降低97%；模型在数学竞赛（AMC-AIME）、代码生成（Codeforces）等领域性能对标OpenAI o1，支持图文解析、文件处理等多模态交互。R1的训练成本仅为国际同类模型的1/10。

2.核心优势

通过国产化适配（海光DCU/昇腾）与低延迟架构，满足政企级实时交互需求；结合联邦学习技术（Federated Learning，人工智能与区块链技术结合并衍生出的技术，可以在保证数据隐私安全及合法合规的基础上，利用各个节点掌握的数据实现共同建模，提升AI模型的效果），实现跨机构数据隐私保护。

2.1.2 DeepSeek-V3：高效MoE模型

1.技术特性

创新DeepSeek的MoE架构，激活参数仅37B，相当于GPT-4 MoE的1/8，生成速度达60 token/s。采用无辅助损失负载平衡策略（Auxiliary-Loss-Free Load Balancing）。在传统MoE模型中，某些专家可能会过载，而其他专家则几乎没有被使用，导致训练效率低下。而DeepSeek的MoE架构通过优化策略，减少了无效计算，确保各个专家的计算负担更加均衡，提高了模型的整体效率。

2. 核心优势

完全开源且免费商用，支持图像生成与多语言处理。

2.1.3 DeepSeek Coder：代码生成专家

1. 技术特性

覆盖300多种编程语言，支持项目级代码补全、实时调试与错误修复。采用MIT开源协议，提供1B/7B/33B全系列模型。

2. 核心优势

与Cursor等工具深度集成，实现代码解释、优化的全流程覆盖；EPLB负载均衡器（Expert Parallelism Load Balancer）是DeepSeek推出的专家并行负载均衡器，具有动态负载均衡、专家复制、资源优化、通信优化、灵活策略支持等多项核心功能，可以确保GPU负载均衡，实现完全免费商用。

DeepSeek产品对比与市场定位

维度	DeepSeek-R1	DeepSeek-V3	DeepSeek Coder
核心定位	通用高性能模型	高效MoE架构模型	专业代码生成模型
参数规模	671B	671B	1B–33B
优势领域	数学、推理、长文本处理	多语言、图像生成、低成本推理	代码生成、补全与调试
典型用户	科研机构、大型企业	开发者、政务部门、内容平台	程序员、教育机构、初创公司
生态合作	华为云、飞书、国家超算平台	腾讯云、比亚迪、沙特阿美	Cursor、51CTO、AIIDE工具

DeepSeek通过R1、V3、Coder三大产品矩阵，实现了从通用能力到垂直场景的全面覆盖：R1提供底层推理与多模态支持，以高性能和多模态能力抢占高端市场；V3强化多语言与低成本部署，凭借开源与低成本优势推动普惠化；Coder则专注开发者生态构建。

2.1.4　深度思考vs.联网搜索

联网搜索是DeepSeek的AI搜索功能，基于RAG（检索增强生成）技术，让DeepSeek能够根据互联网实时搜索的最新信息回答用户的提问，而不仅仅依赖自己的知识库。DeepSeek的联网搜索功能可以实时分析并从互联网检索信息，极大提升了信息获取的精确度和时效性。

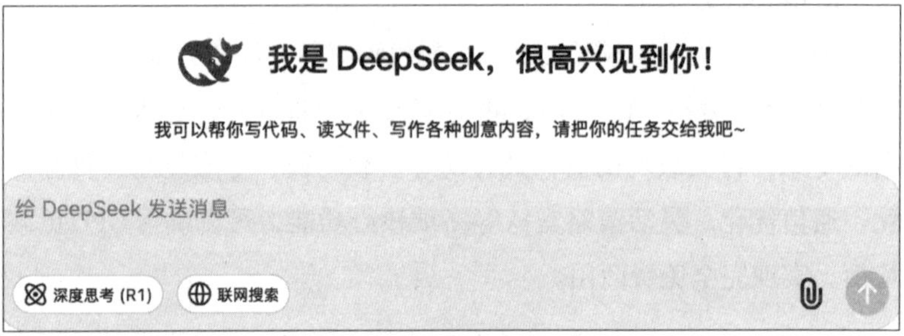

DeepSeek的深度思考基于内部语料库进行深度学习。深度思考涉及对信息的深入分析、批判性评估和创造性整合，能够帮助用户探索问题的本质，形成有见地的结论；而联网搜索则更适用于查新闻、找资料、实时数据等场景。在实操过程中，用户可以根据自身需要和任务类型灵活选择适合的模型和功能。

V3模型是DeepSeek的标配，用户如果未勾选“深度思考（R1）”选项，系统默认使用V3模型。V3的优点是高效、便捷，适用于内容创意等大多数场景。如果用户没有复杂推理、深度分析的需求，V3即可很好地满足用户需求。如果需要挑战复杂推理和深度思考的问题，比如数理逻辑推理、编程代码分析等，“深度思考（R1）”就更加适合。

2.2　如何获得DeepSeek

DeepSeek的诞生，推动AI技术向更高效和普惠的方向发展。随着微信和百度搜索宣布接入，DeepSeek正在加速成为中国AI生态的基础设施。目前，用户可以通过DeepSeek App、DeepSeek网页版、API调用、本地化部署等渠道，获取DeepSeek的产品和服务。

2.2.1　直接访问官方渠道

1. 官网与移动端应用

官网访问：通过DeepSeek官方网站（https:/www.deepseek.com/）可直接使用其在线服务。

移动端应用：官方提供iOS和安卓应用（DeepSeek App），支持基础对话和任务处理。

2. API调用

用户可以将API接入办公软件，如Excel、Word，或开发工具，如VS Code，实现自动化处理或编程辅助。

注册与获取API密钥：

（1）进入官网API开放平台，完成注册后创建API密钥；

（2）接口文档提供详细调用参数，支持模型如DeepSeek-chat（通用对话）和DeepSeek-reasoner（推理任务）。

3. 本地部署

本地部署可以更好地满足用户对定制化和数据安全的需求，但也对硬件环境提出了一定要求。

硬件要求：需高性能GPU，如NVIDIA A100和至少64GB内存，适合对数据安全要求高的企业或开发者。

部署方式：通过下载开源模型，如DeepSeek-R1、DeepSeek-V3及配套工具包，结合本地服务器或一体机方案实现私有化部署。

2.2.2 第三方平台接入渠道

用户可以登录DeepSeek官方网站直接使用网页版服务。需要注意的是，DeepSeek官方服务器因用户量激增可能出现不稳定现象，这时用户也可以通过百度搜索、腾讯元宝等网页端使用DeepSeek的服务。此外，还有秘塔AI、Groq、硅基流动等其他平台可供选择。

2.2.3 开源社区

DeepSeek定期开源核心代码库，如FlashMLA、DeepGEMM，优化解码内核，提升通信效率，开发者可免费获取并参与社区贡献。关于模型下载，包括通用大模型DeepSeek LLM、多模态模型DeepSeek-VL等，均可在GitHub等平台获取。

在生态整合上，百度智能云、华为云等国内云平台纷纷上线DeepSeek的大模型，微软、亚马逊云等国际巨头也引入了DeepSeek的大模型。随着DeepSeek生态合作的深入，以及与智能客服、CRM等数字化系统的融合，无论企业用户，还是个人用户，都在直接或间接使用DeepSeek的服务。用户可以关注DeepSeek开源周更新，及时获取新模型和工具库；也可以通过GitHub提交代码、参与技术论坛，获取官方技术支持与资源倾斜。

2.3 DeepSeek的使用准备与注意事项

针对DeepSeek用户获取产品的不同方式，比如网页端、API接口服务，使用前的准备工作与注意事项也各不相同。

2.3.1 网页端用户：快速体验与高效交互

适用于个人用户通过浏览器直接访问DeepSeek官方网站进行交互。

1. 使用准备

注册账号并认证。访问DeepSeek官网，完成邮箱或手机号注册，建议绑定双重验证，如短信+邮箱以提升安全性。若需使用高级功能，如长文本处理、高频调用，可能需完成实名认证或升级至付费账户。

2. 环境适配

（1）浏览器要求：推荐Chrome 90+、Edge 89+或Safari 14+，避免使用老旧版本或小众浏览器。

（2）网络配置：确保网络稳定（建议带宽≥5Mbps）。若需访问联网搜索功能，需确认未受防火墙或区域限制，部分地区可能需使用合法代理工具。

3. 注意事项

（1）隐私保护：避免在对话中输入敏感个人信息，如身份证号、银行卡信息，历史记录可定期手动清理。

（2）实时数据验证：若使用联网搜索，生成结果后建议点击返回的链接核验信息来源，尤其是金融、医疗等关键领域。

（3）功能限制：免费账户存在单日调用次数限制，长时间任务建议分段处理，如文档总结。

2.3.2 API开发者：集成与深度开发

适用于开发者通过API接口将DeepSeek能力嵌入自有系统或应用。

1.API权限申请

登录开放平台，创建应用并获取API Key与Secret，阅读接口文档、常见问题、产品定价、使用集成等详细了解API调用的费用和资源等。

2. 开发环境搭建

安装官方SDK（支持Python、Java、Node.js等语言），或根据RESTful API自行封装请求模块。配置本地代理或白名单策略，确保服务器IP未被DeepSeek服务端拦截。

3. 合规性自查

确认业务场景符合DeepSeek API使用协议，如禁止用于生成虚

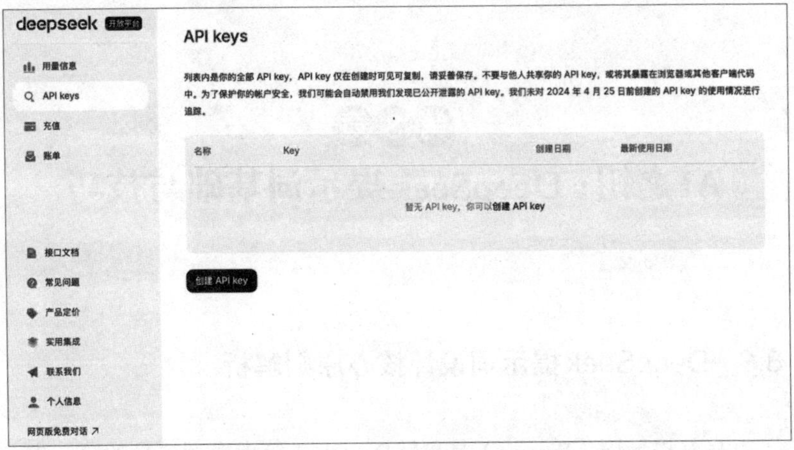

假新闻、恶意爬虫等。若应用涉及用户数据收集，需遵循《中华人民共和国个人信息保护法》，明确告知用户并获取授权。

4. 注意事项

（1）错误处理机制

针对API返回的常见错误码，设计重试逻辑与降级方案。

（2）成本控制

在token计费模式下，可通过缓存高频结果、优化提示词（Prompt）长度降低成本。合理分配免费额度，监控API调用成本，避免超额使用。

（3）信息校验

基于模型"幻觉率较高"的特点，需结合人工校验或多模型交叉验证。使用生成内容时需注意知识产权归属，尤其是商业场景。

无论个人用户，还是开发者，合理的前期准备与风险防控都能显著提升DeepSeek的使用体验与产出价值。用户可以跟随DeepSeek持续迭代，定期复盘使用策略，最大化释放人工智能技术的潜力。

第3章 AI之钥：DeepSeek提示词基础与技巧

3.1 DeepSeek提示词设计核心原则解析

写好提示词（Prompt）是玩转DeepSeek等大模型工具的第一步。提示词是向大模型输入的信息或者指令，用于引导大模型输出特定信息、内容，或者执行特定任务。

提示词是我们与大模型交流的语言，其目的是让大模型正确理解我们的意图（我们输入的信息），并产出我们期望的结果（大模型输出的结果）。在形式上，提示词可能是一句指令、一个问题、一段背景描述、一些要求等，它们将影响AI生产内容的方向、形式等。我们在使用DeepSeek时，如何做好提示词设计呢？以下是几个需要遵循的原则。

3.1.1 明确指令原则

通过明确的任务定义与边界划定，确保DeepSeek输出的内容不“跑偏”、高质量。该原则主要有如下两个实施要点：

1. 问题具象化

将宽泛笼统的需求转化为明确、可执行的指令。比如，将“分析天气变化趋势”，具象化为“分析一下某某地区三月份的气温变化情况，列出三个最主要的气温变化因素”。

2. 限制输出条件

比如避免使用某一术语、输出字数300字以内，等等。

提示词优化示例：

初始版本：如何提高学习成绩？

优化版本：提出三个建立良好家庭氛围的方法，帮助孩子提高学习成绩，每个方法字数在100字以内。

3.1.2 情境化原则

为了让大模型更明确地理解我们的意图，需要通过一些情景化设定，将抽象的需求转化为具象的描述，引导大模型理解我们对话的语境。具体操作路径如下：

1. 角色代入

设定专业身份引导输出风格，如“作为有10年经验的投资顾问，为风险厌恶型客户推荐3种理财方案”。

2. 场景构建

补充细节背景信息、个性化表述，使描述更清晰。例如在法律咨询场景中加入“当事人为哺乳期女职工，企业因为单方面原因调整工作岗位”等细节。

3. 条件限制

综合时间、空间、资源等限定条件，如“结合两个老人，一个孩子的家庭情况，制定一个三天的暑假旅游方案”。

提示词优化示例：

初始版本：写一篇产品推广文案。

优化版本：你是一名小红书博主，针对30~35岁职场女性，策划一个女性如何养出好气血的视频创意，字数在200字以内。

3.1.3 结构化原则

为了让大模型更好地执行任务，需要我们将复杂的问题转化为清晰、可执行的任务。这需要我们利用结构化思维重新定义、解构问题，构建逻辑化的思维框架，引导模型系统化处理复杂任务。该原则实施策略如下：

1. 流程拆解

将复合型任务分解为可执行步骤，例如将“3个月完成产品上线”拆解为市场调研、功能设计、开发测试、推广运营4个阶段。

2. 三阶提示法

角色定义：你是有10年经验的B2B市场总监，擅长品牌价值传播。

过程约束：先进行归因分析，再按优先级排序方案。

输出规范：用Markdown表格对比各方案成本、预期效果、实施难度。

3.1.4 信息密度平衡原则

在充分信息供给与认知过载之间取得平衡。该原则需要掌握以下平衡技巧：

1. 简化聚焦

将材料简化聚焦，采用“摘要+焦点问题”模式，提问前先提炼背景资料，聚焦关键问题，再提出具体优化诉求。

2. 否定排除

通过否定式指令过滤无关内容，如“避免使用某术语”。

3. 多轮交互

采用渐进式交互策略，首轮获取基础方案后，第二轮逐渐调整、优化方案细节。

提示词优化示例：

信息过载版本：我公司是数字员工细分赛道的隐形冠军，市场占有率一直遥遥领先，近期计划开拓东南亚市场，考虑当地文化、市场和消费习惯的不同……

优化版本：针对东南亚客户的付费能力，提出我公司数字员工产品宣传的三个侧重点。

3.1.5 示范引导原则

通过典型的案例示范引导，降低输出偏差。该原则实施方法如下：

1. 格式样板

提供输出范例，明确格式要求，如给出会议纪要模板示范的时间、议题、决议项的排版方式。

2. 风格参照

展示语言风格样本，比如“学术型：本研究证实……”“大众科普型：实验结果显示……”等表达差异。

3. 错误案例警示

列举常见偏差类型并说明改进方向，如指出“绝对化表述”与“推测性结论”的示例。

提示词优化示例：

任务：生成客户满意度调研问卷。

示范引导：1 ~ 10分评分式问题+开放式追问。

提示词示范模板：

（1）您对售后服务质量的满意度是？（1 ~ 10分）

（2）哪些环节可以改进？

3.1.6 风险预防原则

构建预防性机制，规避潜在风险。本原则实施措施如下：

1. 合规性检查

设置关键词过滤机制，对涉及医疗诊断、法律结论等内容自动添加“建议咨询专业机构”的免责声明。

2. 真实性校验

对时效性较强的内容要求标注数据来源，如“截至2023年的统计数据表明……”

3. 文化性适配

添加地域性提示，如“针对中东市场设计时应考虑到当地的宗教文化因素”。

提示词优化示例：

原始指令：撰写投资建议。

优化版本：基于公开财报数据，提供谨慎性投资分析，需包含风险提示章节。

3.1.7 动态调优原则

动态调优是最后一个原则。为了提升内容生产质量，需要建立动态优化提示词的系统流程。具体方式有：通过将操作过程手册化，建立反馈闭环；归类常见失误类型，针对性改进，并且制定分阶段优化策略；构建个人模板库，分类存储已验证的模板结构等。最重要的是，要从信息完整度、逻辑严谨性、风格匹配度、创意附加值等维度提炼提示词评估标准。

通过以上原则，形成“问题分析—模板积累—效果验证”的循环，我们就可以逐步将提示词从随机调试转化为精准控制，真正提升提示词工程的质量。

3.2 DeepSeek提示词进阶技能

在AI交互领域，提示词工程已从基础指令发展为系统性认知工具，其核心进阶能力体现在四个维度：问题解释能力、创意引导能力、结果优化能力、系统思维能力。

3.2.1 问题解释能力：结构化拆解与需求锚定

问题解释能力的核心是识别问题本质，将复杂问题结构拆解为清晰、具体、可执行的提示词，将模糊需求转化为结构化指令，精准控制AI输出方向与深度。

1. 问题澄清四问法

对象：明确讨论主体，如“用户增长”需界定是新用户获取还是老客复购。

范围：设定时空边界，如“近3个月抖音平台的‘00后’用户”。

目标：区分探索性需求（分析原因）与执行性需求（给出方案）。

约束：识别隐形限制条件（预算、行业合规要求等）。

示例：

初始版本：提升转化率。

优化版本：在保持现有预算下，通过落地页优化使电商注册转化率Q3提升15%。

2. 结构化拆解框架

（1）MECE原则：使用逻辑树将复杂问题分解为互斥且穷尽的子模块。

示例：

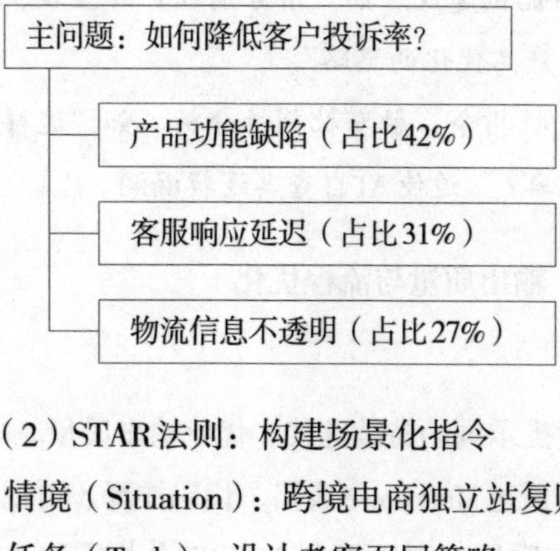

（2）STAR法则：构建场景化指令

情境（Situation）：跨境电商独立站复购率低于行业均值。

任务（Task）：设计老客召回策略。

行动（Action）：需包含EDM、App Push、社交裂变三种渠道。

结果（Result）：30天内复购率提升至12%。

3.2.2 创意引导能力：跨界迁移与对抗思维

通过认知重构打破路径依赖，激活AI的跨界创新能力。创意引导需突破线性思维，通过三类方法激发AI潜能：

1. 类比转化

将抽象概念类比转化为生活案例，如用“快递分拣系统”解释区块链技术原理。

2. 跨界迁移

融合多领域视角生成创新方案，例如结合游戏化机制设计员工培训体系。

3. 对抗推演

通过反向提问，挖掘潜在盲点。如“如果你是竞品会如何破解此方案？”

提示词示例：

多角辩论：让AI同时扮演产品经理、工程师、用户三方进行辩论，输出多维度的产品优化建议。如“请分别以产品经理、工程师、用户三方角色，输出产品优化的思路”。

毒舌指令：添加批判性指令，触发批判性分析。如“这样的推广方案怎么可能提升转化率？”迫使AI自查其逻辑漏洞。

3.2.3 结果优化能力：输出质量与流程优化

1. 输出质量优化

结果优化能力是通过提示词的持续迭代，优化输出质量。

（1）格式规范强化：通过Markdown表格、代码注释、可视化描述等结构化输出约束内容质量。例如要求“SWOT分析需包含概率影响矩阵”。

（2）参数微调：比如在本地部署场景下可调整模型参数，如temperature值控制创造性，平衡严谨性与创新性。

（3）多模型协同：基础模型V3处理速答，深度思考模型R1用于复杂推理，结合联网模式获取实时数据。

2. 优化流程

（1）A/B测试框架：生成2~3版方案对比效果，如不同文风的产品文案，通过数据指标（点击率、可读性评分）选择最优解。

（2）幻觉检测机制：添加“请标注数据来源”“验证案例真实性”等指令，减少AI虚构内容。

3.2.4 系统思维能力：评估体系与模板工程

构建提示词系统需建立“三层管理体系”：

1. 评估维度

通过相关性（需求匹配度）、准确性（事实正确性）、完备性（覆盖关键点）等指标量化质量。

2. 模板库建设

分类存储场景化指令，例如学术研究类（文献综述框架）、商业分析类（竞品对比模板）、创作类（爆款标题公式）。

3. 策略迭代机制

记录每次交互的输入输出效果，通过归因分析持续改进，如“模糊需求导致逻辑断裂”。

可使用工具Prompt-Optimizer自动分析提示词缺陷，提供优化建议，如补充背景信息或约束条件。

可使用“请进行10轮批判性思考”等指令对DeepSeek进行思维链管理，延长AI推理深度，提升方案缜密度。

3.3 DeepSeek提示词避坑指南

在提示词设计与应用过程中，存在诸多易被忽视的陷阱。我们基于实际案例总结常见误区，并提供避坑指南。

3.3.1 需求定义类误区

典型问题：输入“分析数据”“优化方案”等泛化表述，因需求表述不明确，模型无法捕捉真实需求，从而导致输出偏离。

避坑方案：采用量化指标、场景限定、添加对比参照等方式，使需求和指令明确化。

示例：

问题指令：提升客户满意度。

优化版本：针对45~55岁高净值客户，设计三项专属增值服务，使NPS（净推荐值）提升15%，预算控制在年度市场费用的10%以内。

3.3.2 指令表述类误区

1. 专业术语混淆引发误解

典型问题：跨领域使用术语导致概念混淆，如将金融“杠杆率”误用于机械设计。

避坑方案：增加术语解释。

示例：

增加术语解释：本文中金融杠杆率是衡量一个经济体或机构负债水平的重要指标，而非力学概念。

2. 信息堆砌干扰核心任务

典型问题：在提示词中堆砌冗余背景，关键需求被淹没。

避坑方案：增加背景、特征细节，过滤无效信息。

示例：

教育课程设计：K12数学录播课→拆分知识点颗粒度≤5分钟→标记学生卡点章节。

3. 动态语境丢失导致断层

典型问题：多轮对话中忽视历史上下文，重复解释已达成共识的内容。

避坑方案：采用上下文标记符号、引用历史对话等方式避免多轮对话过程中关键信息丢失。

示例：

上下文标记：★已确认采用分布式架构。

引用历史对话：参考10月5日的会议纪要，继续推进方案细化。

3.3.3 逻辑架构类误区

1. 线性思维限制创新空间

典型问题：过度结构化限制模型创造力，输出缺乏突破性观点。

避坑方案：设置主题框架（行业标准等纵向维度）+弹性空间（跨界案例等横向拓展）。

示例：

（1）主体框架：按“ISO13485标准”设计质量体系；

（2）弹性空间：参考航空材料表面处理技术，提出5项工艺改进方向。

2. 验证机制缺失引发错误

典型问题：直接采用未经验证的输出结果，导致事实性错误。

避坑方案：对输出结果进行验证。

示例：

植入自动核查指令：请标注数据来源并验证统计口径一致性。

设置矛盾检测点：若第三项建议与第一原则冲突，触发重新评估流程。

3.3.4 风险控制类误区

1. 伦理安全防护不足

典型问题：未设置过滤机制，输出内容触碰法律或道德红线。

避坑方案：建立三级防护网：

（1）关键词屏蔽：如“绕过监管”“灰色地带”。

（2）场景检测：医疗建议自动添加“需专业医师指导”。

（3）价值观对齐：输出前进行伦理符合性评分。

示例：

原始指令：设计高收益理财方案。

加固版本：在《资管新规》框架下，为风险承受等级R3的客户设计年化收益4%～6%的合规组合方案，需包含风险匹配声明。

2. 技术可行性脱离实际

典型问题：理想化方案忽视实施条件，如要求“三个月实现量子计算突破”。

避坑方案：设置现实性验证和添加限制条件。

示例：

现实性检验：评估当前实验室设备水平（附设备清单），确定方案可行性等级。

添加限制条件：在现有5人研发团队、200万元年度预算条件下进行规划。

3.3.5 优化迭代类误区

1. 提示词固化

典型问题：长期使用固定提示词模板，导致输出内容价值降低，无法响应业务变化。

避坑方案：

建立动态更新机制：

（1）每月收集高频问题TOP20重建知识库；

（2）每季度进行A/B测试淘汰低效模板；

（3）重大政策变更后72小时内更新背景内容。

2. 反馈闭环未有效建立

典型问题：缺乏输出质量追踪，错误模式重复发生。

避坑方案：

构建四维评估体系：

（1）准确性：用户二次确认率＞90%；

（2）时效性：复杂问题响应＜8分钟；

（3）完整性：关键要素覆盖率100%；

（4）合规性：风险预警触发率＜0.5%。

3.3.6　特殊场景应对策略

1. 跨文化沟通陷阱

典型场景：某国际品牌在东南亚市场推广新品，广告中使用“左手持产品”的演示画面，导致当地消费者强烈抵制。

文化背景：在当地一些宗教文化中，左手被视为不洁，要避免使用左手递接物品。

避坑方案：实施“文化符号审查清单”。

示例：

请基于目标市场文化特征审查宣传方案。

目标地区：人口宗教信仰分布

审查重点：

（1）模特手势是否符合宗教规范；

（2）产品包装是否含违反宗教禁忌的成分；

（3）广告语有无双关语歧义。

2. 多模态融合陷阱

典型问题：图、文、表混用时出现信息矛盾。

避坑方案：进行数据一致性校验。

某健康类文章配图显示“每日喝8杯水”（图示为500ml/杯），但正文建议“每日饮水2L”（实际需4杯），导致读者执行错误。

提示词优化：

审查多模态内容：

（1）核对文字与图表数据，如单位、数值；

（2）检测颜色编码一致性，如红色是否均表示危险；

（3）输出修正建议，如将配图调整为4杯或修改正文建议量。

3.3.7 自检工具箱

1. 风险自检清单

（1）是否包含具体量化指标？

（2）专业术语是否有明确定义？

（3）是否设置输出验证机制？

（4）是否符合最新监管要求？

2. 效能提升路线图

（1）建立常见错误案例库，如每月新增≥30例；

（2）开发智能诊断插件，如自动检测10类典型问题；

（3）实施红蓝对抗演练，如每周生成并修复漏洞。

3. 紧急情况处置流程

（1）发现输出异常；

（2）启动隔离机制；

（3）回溯提示词缺陷；

（4）更新防护规则；

（5）生成分析报告。

第4章 创意设计：如何使用DeepSeek创作爆款内容

4.1 公众号文章创作

公众号文章创作，主要流程分为确定选题、素材整合、内容优化、版权审查、发布迭代，每一个流程都可以借助DeepSeek来完成。

4.1.1 确定选题：精准捕捉用户需求

1. 热点追踪

使用DeepSeek分析平台，监测近7天“行业关键词+痛点词”组合搜索趋势。

提示词示例：

列出新能源汽车领域最近3天微信指数上升最快的前5个话题，并按争议性排序。

DeepSeek结合搜索结果，整理出最近7天新能源汽车领域微信指数上升最快的前5个话题，并按争议性排序。

争议性排序总结

排名	话题	争议性	核心争议点
1	增程技术路线之争	★★★★☆	环保性、技术路径合理性
2	特斯拉储能工厂交付	★★★☆☆	外资与本土企业竞争

（续表）

排名	话题	争议性	核心争议点
3	钠离子电池成本突破	★★★☆☆	技术成熟度与适用场景
4	新能源车零售破百万辆	★★☆☆☆	增长可持续性与政策依赖
5	新型装机与欧盟政策	★☆☆☆☆	技术路线选择与出海竞争

2. 用户需求画像

构建需求分析矩阵。

提示词示例：

分析某财经公众号最近10篇推文评论区高频词，提炼三类核心读者群体的关注焦点，将三类核心读者与对应关键词聚焦，用表格方式展示。

DeepSeek基于搜索结果对该公众号读者群体进行分析，将三类核心读者及其关注焦点归纳如下：

读者类型	关键词聚焦	关注焦点
商业与产业观察者	行业趋势、供应链优化、品牌效应、政策解读	产业动态与政策影响 企业战略与商业模式
教育与自我提升群体	学习方法、职业规划、考试技巧、心理韧性	职业发展指导与技能提升、心理成长与压力管理
情感与生活体验者	情感共鸣、生活压力、文化消费、人际边界	情感关系探讨 文化消费与社会情绪

3. 差异化竞争策略

仍以上述财经公众号为例，实施差异化竞争的“补位策略”，找出三个未被充分覆盖的细分领域。

提示词示例：

对比某财经公众号本月推文主题，找出三个未被充分覆盖的细分领域，并列出内容扩展方向，以表格方式显示。

DeepSeek基于该公众号当月推文主题与搜索结果，并结合其核心读者群体的关注焦点，如商业与产业观察者、教育与自我提升群体、情感与生活体验者等，对未被覆盖领域进行对比分析。

未被覆盖领域对比表

细分领域	当前覆盖短板	关联读者群体	内容扩展方向示例
科技伦理与数据合规	隐私保护议题缺失	商业观察者、教育群体	企业数据治理案例与合规指南
国际政策联动效应	国际标准与产业竞争力关联性分析不足	商业观察者	全球政策对中国细分产业的冲击与机遇
文化IP与内容产业化	IP商业化路径未系统探讨	情感体验者、商业观察者	网文IP估值模型与衍生开发策略

4.1.2　搜集素材：构建多维内容原料库

1. 多源数据整合

最具代表性的三方数据来源。

提示词示例：

关于“生育支持政策”主题：

①收集最近三年最新地方政策（政府官网）；

②提取知乎高赞回答核心观点（赞数＞500）；

③整理裁判文书网相关案例（2021—2024年）。

2. 素材可信度验证

实施“三重过滤机制”。

提示词示例：

从三个方面检查数据：

①数据来源筛查（仅保留.gov或.edu域名内容）；

②观点冲突检测（标注不同专家的分歧点）；

③案例时效审查（排除3年前旧规案例）。

3. 素材结构化处理

使用“知识卡片生成法”。

提示词示例：

将以下调研资料转化为结构化知识卡片：

“核心数据”用黄色高亮标注；

“专家观点”用蓝色摘录；

“争议内容”用红色标记并添加批注。

4.1.3 优化内容：打造高传播力文章

1. 结构优化三板斧

（1）标题吸引力公式

应用“4U原则”。

提示词示例：

Urgent（紧急）：2024年新规，3月31日前必须完成的税务备案；

Unique（独特）：95%企业忽略的研发费加计扣除技巧；

Useful（有用）：三步解决员工社保异地缴纳难题；

Ultra-specific（明确）：注册资本1000万元以下公司必看的减资流程图解。

（2）内容节奏设计

采用“峰终定律布局”，即如果在一段体验的高峰和结尾是愉悦的，那么对整个体验的感受就是愉悦的。

提示词示例：

开篇：痛点场景再现，引发共鸣；

中部：解决方案分阶，如初阶、中阶、高阶策略；

高潮：成功案例可视化，如对比图表+收益数据；

收尾：行动清单，如3项可落地步骤。

（3）交互元素植入

添加“参与式组件”。

提示词示例：

①选择题：你的企业属于哪种股权结构？（附自测表）。

②进度条：当前阅读完成度60%（已获取3个核心技巧）。

③知识彩蛋：回复关键词“流程图”获取模板。

2. 语言优化技巧

（1）专业术语转化

实施“三段式翻译”。

提示词示例：

专业版：非货币性资产出资需评估作价。

科普版：用设备或专利入股，要先找机构算清楚值多少钱。

进阶版：实物投资必须经法定评估机构出具价值报告。

（2）敏感内容处理

建立“合规表达库”。

提示词示例：

替换前：绝对稳赚的投资方法。

替换后：经历史数据验证的资产配置策略（年化收益5%～8%）。

4.1.4　写作要点：质量与合规双保障

1. 内容原创性守则

实施“三步原创度提升”。

优化思路：

（1）观点重组：将5个来源的观点整合为新方法论。

（2）经验迁移：将A行业经验适配到B行业场景。

（3）内容增益：在原始数据基础上添加趋势分析。

2. 版权风险防控

建立“四重防护体系”。

优化思路：

（1）素材溯源：对所有引用内容标注来源。

（2）原创声明：文末添加“本文核心方法论已申请原创保护”。

（3）图片处理：使用DeepSeek生成定制化信息图表。

（4）定期排查：每月用版权检测工具扫描历史文章。

3. 传播优化技巧

设计“社交裂变钩子”。

提示词示例：

（1）知识礼包：关注后回复“模板”获取股权协议全套文件。

（2）互动挑战：在评论区写下你的实施方案，点赞TOP3送定制咨询。

（3）社群特权：转发文章至100人以上群组，私信领取进阶资料。

4.1.5 工作流效率工具

1. 智能创作模板库

建立“三阶内容模板”。

提示词示例：

“速报型”政策解读模板：

（1）新规要点（不超过3条）；

（2）实施时间表（含过渡期安排）；

（3）企业应对清单（分大、中、小规模）。

"深度型"行业分析模板：

（1）技术变革驱动力（附专利增长数据）；

（2）竞争格局图谱（市场份额矩阵图）；

（3）生存发展建议（1年、3年、5年策略）。

2. 效能监测看板

设置"创作质量仪表盘"。

提示词示例：

（1）选题精准度：阅读完成率＞75%；

（2）素材丰富度：原创内容占比＞60%；

（3）传播健康度：分享率＞15%，取关率＜0.3%；

（4）合规安全值：侵权预警0次/月。

应用DeepSeek，可显著提高公众号内容生产效率，提升阅读量、分享率和完读率，同时有效控制版权风险。建议每月进行内容复盘，比如可以重点优化分享率低于10%的文章模板，持续迭代创作体系。

4.2　小红书内容创作

4.2.1　小红书用户与内容的特点

1. 用户画像

（1）年轻化与女性主导

18~35岁用户占比超70%，尤其以一线城市白领、学生为主，消费能力强，注重生活品质与个性化需求。

（2）高互动性与社交属性

用户热衷点赞、评论、分享，偏好真实体验内容，信任UGC（用户生成内容）和KOL推荐。

（3）多元化兴趣

覆盖美妆、时尚、旅行、家居、科技数码等领域，且消费决策依赖“种草文化”，即通过真实分享影响购买。

2. 内容特征

（1）真实性与场景化

用户反感硬广，偏好“生活化”内容，如个人使用体验、教程攻略、故事化场景。

（2）强视觉冲击

图文并茂、短视频为主，封面图需精致吸睛，内容需简洁直观。

（3）社交裂变潜力

优质内容易引发二次传播，通过话题标签、互动组件提升曝光，如投票、问答。

4.2.2 创作流程：从选题到爆款的全链路设计

1. 选题定位：精准捕捉用户需求

（1）赛道分析与趋势洞察

提示词示例：

你是一位小红书运营专家，请根据我的兴趣“健身养生”和技能“营养师资格认证”，推荐5个适合的小红书内容赛道，并附上每个赛道的热门关键词和用户痛点分析，并用表格方式呈现。

以下是DeepSeek结合小红书平台趋势与用户需求，精选出的5个最适合赛道，并以表格形式呈现热门关键词与用户痛点，提出3条运营建议。

精选赛道与核心信息表

赛道	热门关键词	用户痛点
健身饮食搭配	健身餐、减脂食谱、蛋白质摄入、碳水循环、热量缺口	健身爱好者难以平衡营养与热量，缺乏科学配比指导，易导致肌肉流失或饥饿感
健康快手菜开发	低卡美食、10分钟备餐、上班族便当、高蛋白早餐、懒人食谱	忙碌人群追求高效健康餐，但市面食谱复杂耗时
女性健身营养专题	生理期训练、产后恢复、体态矫正、小基数减脂、抗阻力训练	女性健身需求特殊，如激素波动，通用方案不适用，伪科学信息泛滥导致焦虑
健康零食与饮品创新	低卡零食、无糖饮品、高蛋白甜品、防暴食零食、控糖攻略	零食选择易踩雷，如高糖、高钠，渴望解馋又无负担的替代方案
健身小白避坑指南	新手计划、平台期突破、动作纠错、健身房礼仪、受伤预防	初学者易被误导，如过度节食、盲目冲重量，导致效果差或受伤

运营建议

①封面与标题优化：使用高饱和度对比色封面，标题嵌入“痛点+数字+解决方案”，如《5分钟低卡早餐公式》。

②标签与热点结合：绑定热门标签，如#减脂餐；结合季节、热点提升曝光，如三伏天养生。

③互动与数据驱动：发起打卡挑战，如21天食谱计划，分析用户评论，优化内容方向。

（2）爆款选题库生成

提示词示例：

你是一位美妆赛道博主，请结合当前热门话题，如“早八通勤妆”“敏感肌修复”，生成10个小红书选题，要求标题包含数字、

Emoji符号，并突出实用性与情绪共鸣。

以下是DeepSeek按照指令输出的选题策划，并给出了选题设计逻辑。

序号	标题与Emoji	核心卖点
1	⏰5分钟早八妆丨3件单品伪素颜	气垫+眉笔+腮红组合，实测持妆6小时
2	💧敏感肌急救丨1周修复屏障3步法	分阶护理+械字号敷料，避开5类致敏成分
3	3色眼影公式丨肿眼泡变电眼✨	橘棕/灰粉通用画法，3CE眼影实测
4	50元全套彩妆丨学生党TOP5	橘朵腮红+唇泥测评，百元内高性价比
5	🚫敏感肌避雷丨5类禁用成分！	酒精/香精替代方案，致痘成分黑名单
6	持妆8小时技巧丨口罩不脱妆	三明治定妆法，定妆喷雾+散粉组合
7	油敏皮自救丨水煮蛋肌养成	晨控油+夜修护流程，理肤泉+薇诺娜CP
8	女团玻璃唇丨3步去死皮	热敷→磨砂→唇膜护理，romand唇釉叠涂
9	换季泛红急救丨5款回春面膜♀	可复美/敷尔佳横评，泛红类型对应方案
10	✨伪素颜心机丨直男以为没化妆	妈生睫+鼻尖腮红，发际线粉隐形术

选题设计逻辑

①痛点精准打击：聚焦“时间紧迫”（早八）、“预算有限”（学生党）、“肌肤敏感”三大核心痛点，如选题1用“5分钟”“3件单品”量化解决方案；

②情绪价值加持：通过“退退退”“自救指南”等网络热词引发共鸣，选题5用“避雷”引起重视，提升收藏率；

③视觉化呈现：用“玻璃唇”“水煮蛋肌”等具象化描述增强画面感，选题8搭配符号突出清凉修复效果；

④场景适配：针对通勤（口罩妆）、社交（伪素颜）等具体场景设计内容，如选题10满足职场人“低调变美”需求。

（3）账号人设与定位优化

提示词示例：

请基于我的职业背景“互联网资深技术总监”和特长“AI技能”，

设计3种小红书账号人设标签，并提供对应的简介模板和包装建议。

2. 素材整合：构建高质量内容原料库

（1）多源数据采集，如政策文件（美妆新规）、用户评论（提取高频痛点词）、KOL案例（分析爆款结构）。

（2）使用DeepSeek模拟用户访谈生成原创素材。

（3）素材可信度验证：筛选权威来源，如政府官网、学术报告；标注数据时效性，如“2025年1月最新数据”。

3. 内容优化：提升传播力与转化率

（1）标题设计

应用“4U法则”：紧迫性，如“限时福利”；独特性，如“95%的人不知道的技巧”；实用性，如“三步解决”；具体化，如“月薪5K如何选精华”。

（2）结构设计

开篇痛点共鸣，如“熬夜党必看！”；解决方案分阶，如基础版、进阶版；案例佐证，如对比图、收益数据；行动引导，如“点击收藏”。

4.2.3　写作要点：爆款内容的底层逻辑

1. 真实分享，拒绝虚假

（1）披露产品优缺点，如“面霜保湿强但略厚重”；

（2）增加可信度；

（3）使用生活化语言，如“闺蜜安利”。

2. 场景化叙事，引发共鸣

（1）产品场景化，如“旅行途中如何快速补妆”，增强代入感；

（2）加入个人故事，如“敏感肌十年修复路”，强化情感链接。

3. 数据驱动，优化互动

植入互动组件：选择题（“你的肤质是？”）、进度条（“已解锁3

个技巧”)，提升参与感。

4. 追踪关键词表现

通过DeepSeek分析笔记的“收藏率”“分享率”，迭代内容更新策略。

5. 规避版权风险

（1）原创优先

使用DeepSeek生成定制化图片、文案，避免直接搬运他人内容。

（2）合规引用

数据标注来源，如“据《2025小红书营销通案》”；获得授权后使用用户案例，如“经用户同意展示使用效果”。

4.3 抖音短视频脚本创作

4.3.1 抖音用户与内容特征解析

1. 用户画像与行为偏好

（1）年龄结构

18~35岁用户占比超65%，呈现“Z世代主导、银发族崛起”双极化趋势。

（2）观看习惯

单视频停留时间＜3秒即划走，黄金观看时段集中在午间（12:00~14:00）与晚间（20:00~23:00）。

（3）内容偏好

①情绪驱动型：猎奇体验，如“挑战全网最辣火锅”；价格反差，如“9.9元吃米其林”等强刺激内容。

②场景代入型：职场生存，如“‘00后’整顿职场”；家庭关系，如“婆媳相处禁忌”等生活化议题。

2. 平台算法规则特性

（1）流量分配

完播率权重占比40%，互动率，包括点赞、评论、转发占35%，账号标签匹配度占25%。

（2）内容禁忌

①画面风险：避免出现刀具特写、裸露皮肤超过30%等触发审核机制的画面。

②文案红线：禁用“绝对”“最”“第一”等极限词，规避医疗、金融等敏感领域断言式表述。

4.3.2 DeepSeek全流程创作指南

1. 智能选题阶段

（1）热点挖掘

输入以下指令获取趋势数据。

分析抖音“母婴育儿”赛道近3天飙升话题，需包含：

①TOP3情绪触发词（按搜索量排序）；

②相关视频平均完播率；

③潜力选题预测清单。

（2）痛点转化

输入以下指令生成用户刚需内容。

列举新手妈妈在“辅食添加”阶段的5个常见困扰，并生成对应选题。

2. 脚本生成阶段

（1）结构模板

①0～3秒：悬念钩子，如“90%的人不知道的冰箱致命错误!”；

②4～12秒：痛点展示，如配合数据支撑的共情场景；

③13～25秒：解决方案，如分步骤呈现产品、方法；

④26～30秒：行动号召，如引导关注、点击购物车。

（2）规避同质化：启用“同主题生成3版差异化文案”功能，避免文案重复度过高。

3. 视频制作阶段

（1）素材匹配

在剪映中执行“智能匹配素材”时，勾选“CC0协议素材库”选项，确保素材版权合规。

（2）优化技巧

①画面节奏：每3秒切换镜头，动态文字停留时长控制在1.5秒内；

②语音提示：在关键信息点添加提示音，提升15%的用户记忆强度。

4.3.3 核心创作原则

1. 内容合规三要素

（1）素材溯源：优先使用DeepSeek内置的商用授权素材库，二次创作素材修改幅度需＞60%；

（2）文案审核：通过“检测文案中潜在违规词”功能进行预审，替换敏感表述；

（3）原创声明：在视频结尾添加“本视频由AI辅助创作”标识，规避平台原创度检测风险。

2. 爆款内容四要素

（1）情绪密度：每30秒视频需包含2次情绪波动，如惊讶→共鸣→感动；

（2）信息浓度：60秒视频至少包含3个知识点或2个操作步骤；

（3）视觉锤设计：固定使用特定字体颜色，如#FF6B6B警示色、角标位置强化品牌认知；

（4）互动埋点：在视频第8秒、第22秒设置“点击屏幕查看答案”等互动指令。

4.4 营销方案策划

DeepSeek凭借其低成本、高性能和开源特性，正成为企业营销策划的核心工具。其强大的自然语言处理、数据分析和多模态生成能力，不仅能显著提升内容生产效率，还能重构用户交互逻辑与精准营销路径。

4.4.1 策划流程：从需求到落地的全链路优化

1.需求诊断与目标拆解

首先需明确营销目标，如品牌曝光、用户转化、产品推广等，并通过DeepSeek的数据分析能力进行市场调研。例如，输入行业关键词和竞品信息，生成消费者画像、市场趋势报告及竞品策略分析，辅助企业找到核心问题。

提示词示例：

分析2025年美妆市场消费趋势，对比HBN双A醇与珀莱雅红宝石的小红书投放策略，提取可复制的爆文特征。

2.智能内容生产与创意迭代

DeepSeek可批量生成多语言、多风格的营销素材，涵盖文案、短视频脚本、海报设计等。企业需提供品牌调性、产品卖点及目标场景，系统将自动适配平台规则，如小红书的种草逻辑、抖音的爆款公式。

要点：

（1）结合RAG技术，确保内容与品牌知识库一致；

（2）动态追踪热点，实时调整内容策略，如蹭节日话题或社会事件的热度。

3. 数据驱动的精准投放

通过分析用户行为数据，如搜索记录、互动轨迹，DeepSeek能构建精细化用户画像，预测用户意图并优化广告投放渠道。例如，某医疗企业利用DeepSeek处理医疗记录，精准了解患者需求，大幅提升ROI。

4. 智能交互与私域运营

DeepSeek部署的AI客服与虚拟导购，可以实现7×24小时自然语言交互。例如，某科技公司的数字人平台，通过情感感知技术增强用户黏性；某零售企业在社群中嵌入AI助手，自动匹配用户需求与商品。

创新点：

（1）结合用户历史行为，提供个性化推荐，如“健身素颜党”专属护肤方案；

（2）利用微表情识别技术优化直播话术，提升转化率。

5. 多模态整合与跨平台适配

DeepSeek支持文本、语音、图像的融合处理，可以帮助企业打造全渠道营销矩阵。例如，生成多语言短视频脚本，自动适配抖音、YouTube等平台的格式要求。

6. 效果监测与策略迭代

通过DeepSeek的自然语言生成报告，营销者能实时监控ROI、用户互动率等核心指标，并预测潜在风险，如舆情危机。例如，某电商平台利用蒙特卡洛模拟法预测不同预算方案的ROI分布，动态调整投放策略。

4.4.2 策划要点：提升方案落地性的关键策略

1. 精准指令设计

避免宽泛提问，如“写一份营销方案”，需提供具体参数，如预算、竞品、目标人群。

提示词示例：

设计__________（养生品牌）的小红书反漏斗模型方案，预算30万元，要求区分种草期与收割期ROI，植入熬夜党、健身党等差异化场景。

2. 数据预处理与标签化

清洗异常数据，如明星同款笔记的爆量干扰，标注内容类型，如干货测评、合集植入，并同步竞品信息。DeepSeek将基于结构化数据生成更精准的分析报告。

3. 人机协同的内容优化

AI生成的初稿需人工审核与二次创作，结合行业经验调整策略。例如，某团队利用DeepSeek生成500组文案后，通过A/B测试筛选出更适合的20组，最终转化率提升25%。

4.4.3　策划全流程拆解

1. 需求校准阶段

提示词示例：

作为某新消费品牌（行业：美妆护肤，客单价299元）营销负责人，需制定2025年Q2全域营销方案，主推单品为“玻尿酸抗敏面膜”。请生成：

（1）用户画像核心标签3个；

（2）竞品近3个月营销动作分析报告；

（3）市场机会点预测清单。

输出价值：

（1）自动匹配Z世代敏感肌人群“成分焦虑”“性价比决策”核心痛点；

（2）识别竞品在抖音或KOL投放、私域转化环节的薄弱点。

2. 策略制定阶段

结构化框架构建：

生成“美妆行业”营销策略框架，需包含STP分析、传播矩阵设计、ROI测算模型。

追加指令：

在策略中加入反共识洞察，例如“拒绝过度包装”趋势对营销话术的影响。

DeepSeek建议：

（1）制定差异化定位：“医研背景+纯净成分”双核驱动策略；

（2）设计“过敏急救指南”等知识付费内容作为引流钩子。

3. 创意生产阶段

批量生成与筛选：

生成10版【春季敏感肌护理】主题创意，要求包含：

（1）3种内容形式，如图文测评、剧情短视频、知识直播；

（2）2类社交货币，如专业达人、素人种草；

（3）1组数据可视化模板。

启用“创意评分”功能，按“情绪共鸣度>信息密度>转化路径清晰度”排序。

4. 方案落地阶段

（1）执行清单优化：

生成《线下快闪店活动执行清单》，含：

①时间节点，如倒推式排期；

②预算分配，如场地、物料、KOL费用占比；

③风险预案，如人流超载处理方案。

（2）通过“多角色模拟”功能，检测财务、运营、法务部门的协同障碍点。

5. 优化迭代阶段

数据驱动复盘：

（1）执行“分析昨日直播数据，定位观众流失高峰时段及对应内容模块”。

（2）使用“策略推演”功能，模拟“增加专家访谈环节对停留时长的影响”。

4.5 广告创意策划

DeepSeek在广告创意策划中，可在市场分析、创意生成、文案设计等方面激发创意灵感，提升创作质量和效率。

4.5.1 市场分析与洞察挖掘

明确行业趋势、竞品策略与消费者需求。比如，DeepSeek可以辅助分析竞品广告文案高频词，识别差异化切入点；可以洞察市场，生成消费者画像等。

4.5.2 创意概念生成

产出核心创意点，建立品牌与用户的连接逻辑。比如结合产品特性生成“冲突场景”。

4.5.3 脚本与文案设计

将创意转化为具体语言与视觉表达。比如DeepSeek可以辅助生成slogan备选方案，优化长文案结构，提供多版本适配建议等。

1. 目标用户画像

核心指令示例：

作为某美妆品牌广告策划，需制定“抗敏精华”新品推广方案。请生成：

（1）目标用户画像，含护肤习惯、购买决策链；

（2）近3个月竞品广告关键词云图；

（3）潜在情绪触发点预测清单。

DeepSeek根据指令，生成如下目标用户画像以及补充说明。

目标用户画像对比表

维度	人群A：成分党科研型（45%）	人群B：懒系护肤党（35%）
基础属性	25~35岁；白领；查成分	22~30岁；学生；护肤≤8分钟
购买决策链	小红书→知乎→直播间	抖音→淘宝→拼多多
核心需求	安全>数据>长期效果	快效>极简>性价比

补充说明：

（1）剩余20%用户：泛敏感肌尝鲜人群（冲动购买为主）；

（2）决策差异：成分党需“专业验证”，懒系党依赖“即时反馈”；

（3）数据源：艾瑞咨询2023美妆白皮书+品牌天猫数据。

2. 近3个月广告关键词云图

DeepSeek根据指令，生成近3个月竞品广告关键词云图以及内容空白洞察。

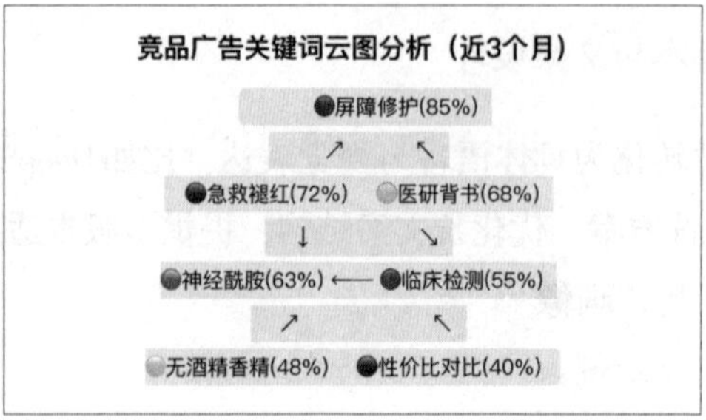

内容空白洞察：

（1）急救效果可视化缺失：竞品多强调“28天修护”，但缺乏“3天急救”的皮肤检测仪对比图；

（2）情绪价值薄弱：过度侧重成分科普，未绑定“熬夜加班后急救”“口罩脸救星”等场景化痛点；

（3）懒系人群适配不足：仅有12%内容提及“精简护肤步骤”，无“1瓶替代水乳精华”的懒人公式。

3. 潜在情绪触发点预测清单

DeepSeek根据指令生成潜在情绪触发点预测清单。

（1）焦虑层（需快速缓解）

①容貌影响恐惧：突发红疹影响工作会议或约会等场景（可绑定“急救3天见客户”案例）；

②成分安全焦虑：对酒精/防腐剂过度敏感（需强调“无添加”+第三方毒理测试报告）。

（2）期待层（隐性需求）

①护肤时间压缩：用1瓶精华替代3层护肤（可设计“洁面→精华→防晒”三步极简流程）；

②效果外显需求：皮肤检测仪数值对比（经表皮水分流失值TEWL下降30%可视化）。

（3）抗拒层（决策阻碍点）

①见效速度质疑：用实验室加速刺激测试数据（模拟紫外线或粉尘环境下的修复速度）；

②价格敏感犹豫：推出5mL试用装+正装抵扣机制（降低尝鲜门槛）。

4.6 文学创意写作

DeepSeek是基于大规模语言模型的AI工具，通过理解用户输入的文本指令，结合预训练知识库生成连贯的内容。其文学创作能力源于对海量文学作品的结构化学习，能够模仿多种文体风格，辅助完成故事构思、场景描写、角色对话等环节。需注意的是：AI生成的内容需经人工调整以避免版权争议。

4.6.1 创作方法与操作流程

1. 灵感激发与世界观构建

提示词示例：

你是一位历史小说作家，请以南宋临安城为背景创作历史穿越小说，要求列出故事主线，设定核心矛盾，构建世界观，提供50字强有力的开场白。

2. 内容生成阶段

（1）故事框架搭建

输入结构化提示：

以“身份认同危机”为核心机制，创作包含起承转合的四幕剧剧本大纲，每个场景需标注关键冲突点。引入“基因—科技—伦理”三角模型拓展传统身份叙事。

可以采用分步生成策略，先获取主干情节再补充细节。

（2）角色塑造技巧

输入背景标签，生成主人公档案：

为17岁的女主人公设计包含“幼年被领养”“嗅觉特异功能”“叛逆”三个特征的详细背景故事，要求体现其身份认知背后的矛盾点。

3. 后期润色阶段

（1）风格统一化处理

输入精修指令：

模仿莎士比亚的语言风格，使下面这段文字更加富有韵律和艺术张力。

可以通过多轮迭代实现文体一致性。

（2）情感增强技巧

使用感官唤醒指令：

在"生父重逢"场景中添加一处嗅觉描写，强化情感冲击力且不改变对话内容。

4.6.2　创作核心要点总结

1. 指令设计原则

（1）采用"限定词+示例+格式要求"的三段式结构；

（2）关键要素用"　"明确标注；

（3）避免开放式提问。

提示词示例：

生成包含"穿越小说""身份认同""女性觉醒"三要素的500字故事片段，采用剧本格式。

2. 逐渐迭代

（1）每次修改聚焦单一维度，如人物动机、场景细节、情节转折等；

（2）保留至少3个历史版本供对比选择。

3. 效率优化技巧

（1）使用模板化指令库加速重复操作；

（2）对常用描述建立特征词，快速云调用；

（3）设置质量评估矩阵，如创新度、完成度、风格化等。

4. 版权防护机制

（1）建立原创元素数据库记录核心创意来源；

（2）对标志性设定进行专利检索；

（3）关键章节人工撰写比例不低于40%。

4.7 平面设计

DeepSeek通过其AI大模型，将自然语言指令转化为视觉设计成果。DeepSeek的设计能力依托于对海量设计案例的深度学习，可生成UI界面、海报、图标等视觉内容，用户无须掌握专业设计软件或编程技能，通过精准的指令设计即可快速实现创意落地。

4.7.1 设计方法与操作流程

1. 需求解析与指令设计

（1）明确设计目标

设计初期需通过结构化指令明确需求。输入指令需遵循“场景+风格+细节”的三要素结构，通过限定主题、视觉风格和关键元素，提高生成内容的精准度。

提示词示例1：

设计一款以“海洋环保”为主题的公益海报，要求采用蓝绿色渐变主色调，包含抽象化的塑料垃圾与海洋生物元素。

提示词示例2：

为新能源汽车品牌设计环保主题海报，目标受众为25~40岁城市白领，风格需融合赛博朋克与极简主义元素。

DeepSeek根据提示词，分析赛博朋克和极简主义的风格特点，并在设计中找到二者的平衡。然后分析目标受众特点，如城市白领年龄在25~40岁，他们可能更注重环保、科技感，同时审美偏向现代和精致，进行主题、颜色、构图、字体方面的设计。

设计方案：

①视觉冲突融合：暗蓝底色＋荧光绿电路纹路勾勒车体轮廓，保留60%负空间强化极简感；

②核心符号双关：发光树叶脉络嵌入二进制代码，叶柄变形为充电桩插头形态；

③光影控制：45°硬光投射赛博朋克机械投影，但约束光斑数量≤3处避免视觉过载；

④数据化自然：背景悬浮抽象化的城市天际线，建筑表面流动碳排放实时监测数据流；

⑤标语字体：使用棱角分明的无衬线体；

⑥其他关键点：用极简框架收束赛博元素，如电路纹路仅保留关键路径；通过数据可视化手法诠释环保，避免直白的自然场景。

（2）风格参考描述

避免直接引用受版权保护的特定设计，改用特征组合法：

模仿孟菲斯风格的几何构成，结合赛博朋克的霓虹光效，设计一组社交媒体图标。

此方法既保留风格特征，又确保原创性。

2. 内容生成与可视化

（1）界面原型设计

提示词示例：

首页布局精简，顶部导航栏采用卡片式设计，每个卡片展示核心功能图标并进行简短描述，确保用户一目了然；

主体区域采用瀑布流布局，动态展示最新内容或推荐信息，用户可下滑浏览更多；

底部固定操作栏，包含搜索、消息通知和个人中心三个常用入口，图标设计简洁明了，便于用户快速触达；

色彩搭配上以品牌主色调为主，辅以高对比度辅助色，提升整体视觉效果。

此提示词强调了界面设计的简洁性、直观性和易用性，同时融入了品牌色彩元素，有助于设计师快速把握设计方向。

（2）图形元素创作

通过分层指令细化设计：

第一阶段：设计5个不同形态的抽象水波纹矢量图形；

第二阶段：为上述图形添加弥散光晕和动态渐变效果。

分步生成可降低复杂度，便于调整细节。

（3）版式布局优化

使用对比指令提升专业性：

将以下文字排版方案从杂志风格改为极简主义风格，保留信息层级但减少装饰元素。

通过多版本迭代筛选最优方案。

4.7.2 典型应用案例解析

案例1：品牌视觉系统设计

分步指令：

1.分析“宠物用品品牌”行业定位，生成3组LOGO设计方案，包含图标+标准字组合。

2.将方案B的猫咪图标线条简化，符合单色印刷要求。

3.导出VI手册模板，包含：

（1）标准色，如RGB、CMYK、Pantone编码；

（2）辅助图形延展方案；

（3）办公物料应用范例。

案例2：电商活动海报设计

提示词示例：

主题：春季大促，限时抢购！

背景：选用清新明亮的春日色彩，如淡绿或浅蓝，营造轻松愉悦的购物氛围。

视觉中心：突出主打商品或优惠券图案，使用高饱和度色彩或立体效果吸引眼球。

活动信息：明确标注活动日期、时间、折扣力度及优惠券领取方式，字体清晰可读，避免信息过载。

互动元素：加入二维码或活动专属链接，便于用户扫码参与或分享给好友。

品牌元素：在海报底部或角落融入品牌LOGO，提高品牌识别度。

风格提示：结合当下流行趋势，如扁平化或微立体风格，确保设计现代且不失吸引力。

第5章 办公提效：如何使用DeepSeek提升工作效率

5.1 智能回复邮件

职场人士使用DeepSeek辅助处理邮件，需要根据邮件类型设计差异化的提示词策略。

5.1.1 DeepSeek在智能回复邮件场景的应用

1. 日常沟通类邮件（跨部门协调）

场景特征：需协调多部门工作进度时使用，常见于时间确认、事项跟进等场景，要求保持良好互动与协同。

提示词示例：

请生成给产品部的排期确认邮件：

“________（项目编号）”原定“________（日期）”启动，需协商新排期。

要求：用对比表格呈现变更节点。

以上提示词中________内的内容，用户可以根据自身个性化情况具体填写。

2. 会议邀请邮件（高层决策会议）

场景特征：涉及董事会、股东大会等法定会议，需明确参会人员类型、议案目录及材料查阅方式。

提示词示例：

起草2025年战略规划会邀请函。

时间：1月8日14:00~17:00（第一会议室+腾讯会议）

必参人员：董事、审计委员会成员

审议文件：2025年业务调整方案（附件1）

特别要求：红色标注涉密材料不得外传条款

3. 客户服务类邮件

场景特征：需平衡“情感安抚”与“问题解决”，常见于投诉、咨询等场景。

提示词示例：

你是一位拥有5年经验的客户关系经理，请帮我用专业、真诚的口吻回复以下客户投诉邮件，要求：

首段表达歉意且不使用模板化语句；

第二段说明问题处理进展并包含时间节点；

结尾提出补偿方案，如免费技术支持延期；

要给出具体解决截止日期，避免出现“尽快解决”等模糊表述。

4. 项目进度汇报（研发阶段）

场景特征：面向高管的技术研发汇报，需突出关键指标达成率，明确资源需求。

提示词示例：

转换AI质检系统开发月报为邮件：

图像识别准确率91.2%，超过目标1.2%；

硬件采购延迟导致压力测试推迟；

申请开放GPU服务器权限，后附用量测算表；

要求：技术术语增加脚注解释，风险项用▲符号标注。

5. 会议管理类邮件

场景特征：需结构化呈现信息，常见于会议邀请、纪要分发。

提示词示例：

请将以下会议记录转换为邮件正文。

会议主题：Q2市场策略研讨会

（1）核心信息：

①确定新品发布时间：2025年6月15日；

②预算调整：追加线上推广费用30万元；

③责任人与要求：市场部张经理负责媒体对接。

（2）格式要求：

①使用项目符号列出决策事项；

②行动项用表格呈现，如任务、负责人、截止日期；

③重点数据用橙色高亮；

④添加“会前阅读材料”超链接。

6. 营销推广类邮件

场景特征：需平衡吸引力与合规性，常见于客户邀约、产品推介。

提示词示例：

请以市场总监身份撰写产品发布会邀请函。

（1）核心要素：

①时间：2024年5月20日；

②亮点：AI产品再升级。

（2）格式要求：

开头敬语为“尊敬的先生/女士”。

落款人：______________

联系电话：______________

5.1.2 注意事项

1. 数据安全规范

对客户名称、合同编号等敏感信息进行脱敏处理，如“某客户”“项目××”，涉及商业机密的内容需添加动态水印或“禁止转发”声明。

2. 事实交叉核验

对AI生成的数据，如完成率、预算消耗等，需与原始文件比对，时效性信息需二次确认；技术方案、补偿措施等需与相关部门确认可行性。

3. 流程安全合规

跨部门协作邮件需添加流程合规声明。

4. 流程管控机制

设置“AI生成—人工校验—双人审核”流程，重要邮件保存原始稿与修订稿对比记录，定期更新风险词库与合规模板。

5.2　会议效率提升

5.2.1　DeepSeek在会议管理场景的核心价值

1. 会前策划阶段

场景特征：需统筹议程设计、风险预判与参会者管理，适用于战略会议、项目启动会等复杂场景。

提示词示例：

(1) 议程生成

作为行政主管，请为“2025年Q3市场战略会议”设计完整议程：

①包含战略解读（40分钟）、分组研讨（60分钟）、决策投票（20分钟）；

②标注各环节主持人及材料准备要求；

③识别3个潜在超时风险点并给出管控方案。

（2）参会者分析

请分析附件中的参会者名单，含岗位、专业领域，输出：

制作利益相关方矩阵（权力—利益四象限图）；

标注需重点关注的3组潜在观点冲突；

生成个性化会前沟通话术模板。

2. 会中管理阶段

场景特征：需实时处理信息洪流，适用于跨部门协作会、头脑风暴等动态场景。

提示词示例：

（1）实时转录优化

将当前会议录音转换为结构化文本：

每段发言标注“发言人角色”与“观点类型”，如决策、质疑、承诺等；

自动提取5个高频关键词生成词云图；

识别3处模糊表述并标注改写建议。

（2）冲突化解

当前技术部与产品部就接口交付期限产生分歧：

绘制双方立场图谱，如核心诉求、依据、潜在妥协空间；

生成SWOT对比表（按期交付vs延期优化的利弊）；

提供3种折中方案供主持人引导讨论。

3. 会后落实阶段

场景特征：会后落地阶段主要存在任务归属模糊、进度追踪困难、知识资产流失。

提示词示例：

作为项目管控专员，请将会议纪要转化为执行方案：

①任务拆解：按RACI矩阵分配责任人；

②进度设计：设置3个里程碑及验收标准；

③风险预警：识别资源冲突点并给出3种应对策略。

4. 跨时区会议

场景特征：研究表明，跨时区会议平均存在23分钟协调损耗。需自动生成时区对比表、多语言纪要。

提示词示例：

生成中美德三地参与的智能工厂方案讨论会方案：

①输出三个时区可选时间段并标注当地工作日；

②自动生成中英双语版会议要点；

③提取技术参数对比表（公制、英制单位并行）；

要求：在材料末尾添加“会后48小时回看链接”。

5. 决策效率提升

场景特征：研究表明，通过结构化决策框架，预设决策树、风险矩阵等工具，可以缩短40%以上的讨论时间，大幅提升决策效率。

提示词示例：

为新产品定价争议构建决策模型：

①生成SWOT分析矩阵并填充市场部提供的数据；

②预设三种定价策略的财务测算公式；

③标注法务风险提示要求：用®符号标记需董事会审批事项。

5.2.2　注意事项

1. 数据安全合规

敏感信息需添加脱敏指令：“隐去具体财务数值，用百分比替代绝对金额”（《中华人民共和国网络安全法》第二十七条），客户信息过滤参照《个人信息安全规范》（GB/T35273—2020）；涉及战略决策的会议使用“项目代号××”替代敏感信息；机密级会议关闭AI学习功能，采用本地化部署版本。

2. 人机协作边界

关键决策点保留人工复核机制，决议类表述需人工复核是否符合法律条款。

3. 知识管理规范

会议产出按PDCA循环分类存储，文档命名遵循“日期+版本号”规则（ISO30401标准）。

4. 持续优化方法

每次会议后执行DMAIC模型评估：对比议程目标与实际成果，列出3项提示词改进建议。

5.3 数据分析

5.3.1 DeepSeek在数据分析场景的应用

1. 数据清洗与预处理

场景特征：需处理重复值、缺失值及格式转换问题，常见于多源数据整合与报表生成场景。

提示词示例：

请将销售部门提供的Excel文件（含订单号、客户名称、交易金额）进行数据清洗：

①删除重复订单记录并标注删除原因；

②用中位数填充缺失的客单价数据；

③将日期格式统一为YYYY-MM-DD；

④异常值检测阈值设为3σ；

⑤输出清洗后的CSV文件及处理日志。

2. 可视化分析

场景特征：需快速生成动态图表并解读趋势，适用于经营分析会、市场简报等场景。

提示词示例：

基于2024年Q1~Q4区域销售数据：

①生成各季度品类销售额占比环形图；

②绘制大客户贡献度帕累托曲线（前20%客户占比）；

③用热力图显示各区域周均成交时段分布；

④输出800字分析报告，重点说明三个关键发现。

3. 业务洞察挖掘

场景特征：需识别隐性规律与潜在风险，常见于战略决策支持场景。

提示词示例：

分析近三年客户投诉数据：

①构建投诉“类型—解决”时效关联矩阵；

②识别每月第4周投诉量激增的潜在原因；

③预测下季度可能新增的3类投诉场景；

④输出带置信区间的风险预警方案。

4. 市场趋势预测

场景特征：基于《统计预测方法应用指南》，需融合时间序列分析与竞品动态，构建6个月预测模型。

提示词示例：

构建婴幼儿奶粉需求预测模型。

输入数据：近36个月销售数据+新生儿出生率曲线；

算法要求：ARIMA模型参数自动优化；

输出格式：带置信区间的趋势图并标注政策变动影响节点；

特别说明：排除2022年12月疫情异常值。

5. 异常监测预警

场景特征：需建立动态阈值模型，实现72小时预警前置。

提示词示例：

构建生产线良率监控模型。

基准线：滚动计算近30天均值±2σ；

预警规则：连续3个点超出控制线时触发警报；

根因分析：自动关联设备参数、原料批次、环境数据；

输出要求：生成PDF版分析报告（含改善建议）。

6. 自动化报告生成

场景特征：需整合多维度数据形成决策文档，适用于管理层汇报、项目结案等场景。

提示词示例：

基于市场部提供的行业白皮书与内部销售数据：

①制作15页PPT报告框架（含4个核心章节）；

②插入动态交互式图表（支持点击钻取明细）；

③生成三种版本摘要，如高管版/技术版/投资者版；

④添加数据来源注释与免责声明。

5.3.2 注意事项

1. 数据安全规范

使用"客户××""项目编号×××"进行数据脱敏处理；涉及商业机密的报表添加动态水印与访问权限控制。

2. 流程管控机制

建立"系统初检→人工复核→业务确认"的三阶校验流程，关键结论需与原始数据表进行字段级比对。

5.4 报告撰写

5.4.1 DeepSeek在报告撰写场景的核心价值

DeepSeek可灵活处理职场报告撰写过程中，在复杂数据整合、逻辑构建、语言表达三大核心环节遇到的多种问题，提升写作效率：

1. 高效整合复杂数据

职场报告常涉及多源数据整合，如市场趋势、财务指标、用户调研等，DeepSeek通过“自动化数据清洗与关联分析”功能，可快速完成原始数据去重、异常值修正及多维度交叉验证。例如，在撰写年度销售分析报告时，它能自动将Excel表格、CRM系统日志与第三方行业报告数据统一为结构化格式，并生成可视化图表。

2. 智能构建逻辑框架

DeepSeek擅长根据用户需求生成“问题—方案—验证”的递进式框架。通过输入核心关键词，如“数字化转型成效评估”，可输出包含“背景痛点—实施路径—量化成果”的三级目录，并自动匹配政府文件或学术理论作为支撑依据。对于需要快速响应的紧急报告，如突发事件汇报，其“框架速成模式”可在15分钟内生成包含基本情况、处置进展和舆情应对要点的初稿。

3. 精准适配专业化表达

针对不同受众，如高层领导、技术部门、外部客户等，DeepSeek支持“风格切换”功能。

5.4.2 分场景高效提问策略

场景1：生成行业研究报告框架

提示词示例：

作为人工智能行业分析师，我需要撰写一份关于AIGC技术商业化的研究报告。请按照以下结构展开：

①技术成熟度评估，参考Gartner技术成熟度曲线；

②典型应用场景案例，其中医疗、教育、金融各1例；

③合规风险分析，其中数据来源标注《生成式人工智能服务管理暂行办法》条款。

要求：列出每个板块的3个核心论点，并标注需补充的数据类型。

DeepSeek基于提示词研究报告框架，结合最新行业动态与政策规范整理如下：

《AIGC技术商业化研究报告》

一、技术成熟度评估（Gartner曲线定位）

1.处于创新触发期向期望膨胀期过渡阶段

核心论点：多模态大模型（如Sora、GPT-4o）推动技术突破，但企业级应用渗透率不足10%。

需补充数据：各行业AIGC工具实际部署率、ROI量化分析报告。

2. 垂直领域技术分化显著

核心论点：代码生成成熟度最高（金融领域代码贡献率超40%），医疗影像生成仍处于实验室验证阶段。

需补充数据：医疗AI产品CFDA认证通过率、金融领域代码错误率对比数据。

3. 算力成本构成主要瓶颈

核心论点：单次千亿参数模型训练成本超500万美元，中小企业商业化应用受限。

需补充数据：国产算力芯片替代率、分布式训练成本优化案例库。

……

场景2：优化项目复盘报告

提示词示例：

现有项目总结初稿包含五大板块：目标达成率、资源投入、问题分析、经验总结、未来计划。

请执行以下操作：

①检查逻辑连贯性，判断是否符合STAR法则；

②量化描述改进，如将“成本控制较好”转化为具体指标；

③添加风险管理章节，具体参考ISO31000标准；

④输出修订建议清单，标注需补充内容的位置。

5.4.3 注意事项

1. 信息准确性核验

AI生成内容需交叉验证数据来源，如引用的政策文件应来自政府官网，避免依赖未标注出处的信息。

2. 版权与隐私保护

避免直接复制第三方图表或原文，需对数据重新加工或获取授权。

3. 隐私安全

涉及企业内部数据时，禁用具体数值或敏感信息。

4. 逻辑连贯性检查

AI可能遗漏因果关联，需人工复核章节衔接是否合理，例如“技术迭代”部分是否与“成本下降”形成证据链。

5. 生成内容比例控制

建议AI辅助内容占比不超过70%，核心结论、战略建议等需人工研判。

DeepSeek可通过高效信息处理、结构化输出和语言优化提升报告撰写效率，但需结合人工审核确保准确性、合规性与专业性。关键是通过精准的提示词设计，如限定范围、指定格式等，引导AI输出，同时建立“生成—验证—修正”的工作流，避免过度依赖单一工具。

5.5 PPT制作

5.5.1 DeepSeek在PPT制作场景的核心价值

DeepSeek作为AI办公工具，可通过智能框架构建、内容生成优化、数据可视化和跨平台协作四大核心场景提升PPT制作效率。其核心价值在于：

1. 框架逻辑化

基于用户需求自动生成结构化大纲，解决“无从下手”的痛点。

2. 内容专业化

提炼文本要点并适配不同受众风格，如管理层汇报需强调数据成果。

3. 设计智能化

匹配模板库、自动排版及配色建议，降低设计门槛。

4. 流程高效化

结合Kimi、WPS等工具实现“大纲→设计→导出”全链路提速，5分钟完成初稿。

5.5.2 场景特征与提示词示例

场景1：智能框架搭建

场景特征：快速生成大纲，逻辑优化、多风格适配。

提示词示例：

生成关于“跨境电商物流优化方案”的PPT大纲，需包含：政策支持，如引用2024年海关总署文件；成本对比分析，含空运、海运、中欧班列；风险管理模块，分短期、长期。

将现有“市场分析→产品介绍→销售策略”结构升级为“行业痛点→技术突破→商业闭环”，每部分添加3个数据支撑点。

场景2：数据驱动内容生成

场景特征：需将多维数据转化为洞察，避免图表堆砌导致的认知过载，遵循“数据—结论—建议”黄金三角。

提示词示例：

输入数据集。

近三年研发投入：2.1亿元、3.4亿元、5.2亿元；

近三年专利授权量：18件、35件、57件；

近三年新产品营收占比：12%、24%、39%。

请完成：

推荐三种创新图表类型（需超越常规柱状图）；

提炼两条因果关系结论（p值<0.05）；

生成动态演示建议，如增长率拐点强调方式。

输出：图表配置说明＋演讲备注提示。

场景3：视觉设计优化

场景特征：模板智能推荐，自动排版，动态效果建议。

提示词示例：

推荐适合“新能源技术峰会”的PPT配色方案，要求包含科技蓝、生态绿，禁用渐变效果。

将柱状图优化为组合图表：左侧显示2023—2024年营收对比，右侧添加趋势线并标注Q4增长拐点。

场景4：跨平台协作增效

场景特征：格式兼容，联动优化，云端协作，实时同步修改建议，支持团队成员在线批注。

提示词示例：

将生成的大纲转为Markdown格式，适配Kimi PPT助手的导入要求。

在WPS灵犀中添加“一键美化”指令，优化第5页数据图表与文字排版比例。

DeepSeek通过优化增强框架生成、内容提炼、设计优化、跨平台协作等场景，将PPT制作耗时从5小时压缩至30分钟。但需注意：AI生成PPT内容，同样需经过“数据核验→逻辑修正→视觉校准”三道人工审核关卡，特别是在涉及客户数据之类的商业机密时，应启用本地化部署模式。

5.6 项目管理

5.6.1 DeepSeek在项目管理场景的核心价值

DeepSeek作为AI驱动的项目管理助手，可在智能任务管理、实时监控、风险预判、文档自动化四大核心场景提升效率。其核心价值在于：

1. 敏捷资源管理

基于实时数据分析调整任务优先级，通过模拟分析实现人力、预算的动态平衡，实现敏捷资源管理，解决资源分配失衡问题。

2. 全流程可视化

通过甘特图、数据看板等工具实现进度透明化，降低沟通成本。

3. 智能风险预警

基于历史数据识别潜在风险并量化影响，提前识别项目延误、资源超支等潜在风险。

4. 自动化协同

生成进度报告、会议纪要与提醒通知，减少重复劳动。

典型应用场景有：

项目启动阶段：需求拆解与WBS（工作分解结构）生成；

执行监控阶段：进度偏差分析与应对方案建议；

收尾复盘阶段：经验教训库构建与知识沉淀；

跨团队协作：多语言沟通文件自动转化与对齐。

5.6.2 场景特征与提示词示例

场景1：项目启动阶段框架构建

场景特征：

需求智能解析：将模糊需求转化为SMART目标体系，自动拆解为可执行任务树；

优化资源匹配：根据成员技能标签、历史任务数据推荐最佳负责人；

创建合规基线：自动生成符合ISO21500标准的项目管理文档模板。

提示词示例：

（1）WBS生成

将“搭建跨境电商平台”项目分解为三级任务清单，包含前端开发、支付系统对接、合规审查模块。

根据“6个月完成智能客服系统升级”目标，制定里程碑节点并标注关键依赖关系。

（2）优先级排序

使用MoSCoW法则对以下20项需求分类，并附需求列表。

评估A、B、C三个任务的ICE评分（Impact影响度、Confidence信心度、Ease难易度），输出排序结果与依据。

场景2：执行阶段进度管控

场景特征：需从Jira、Teambition等工具导出的原始数据中提取关键指标。自动识别进度延迟并推荐纠偏措施。

提示词示例：

（1）进度可视化

将以下甘特图数据转化为进度简报，重点标注落后于计划超3天的任务，并附数据。

（2）根因分析

根据测试用例通过率下降趋势，推测可能的质量风险并提出应对步骤。

场景3：风险预测与应对

场景特征：结合历史数据（相似项目失败率）与实时指标（成

员负荷度）计算风险系数。

提示词示例：

预测跨境电商系统上线风险，列出服务器宕机、支付接口故障等TOP5风险，各附3种应对策略。

场景4：文档自动化生产

场景特征：集成文本、表格、图表生成，支持实时数据对接；预设模板与自定义规则并存。

提示词示例：

生成2024年度企业社会责任报告Word文档，要求：

①结构包含环境治理、员工福祉、社区贡献三部分；

②自动插入碳排放趋势图（数据源：A列日期+B列数值）；

③页眉带企业LOGO。

5.6.3 注意事项

1. 数据安全与隐私保护

禁止上传含客户个人信息、合同金额等敏感数据；使用企业私有化部署版本处理内部项目信息。

2. 决策依赖度控制

AI输出方案需人工验证可行性。关键路径调整、合同变更等高风险操作必须人工确认。

3. 工具兼容性验证

检查AI生成文件与现有系统，如OA、ERP等的格式兼容性。涉及第三方API调用的自动化流程需通过安全测试。

4. 知识库更新机制

定期训练AI模型，吸收最新项目经验，如更新风险库、术语表等；分离通用知识与企业专有知识，避免数据污染。

5. 伦理与合规审查

避免算法偏见导致的资源分配不公，如过度依赖历史数据忽视新人成长潜力；跨国项目需符合当地劳动法规，如工时计算方式差异。

5.7　合同审查

5.7.1　DeepSeek在合同审查场景的核心价值

DeepSeek基于先进的自然语言处理（NLP）和机器学习技术，能够自动分析合同文本，识别关键条款和潜在风险。具体来说，DeepSeek在合同审查中展现出多维度的智能辅助能力：

1. 风险点智能识别

通过语义分析与案例库比对，5分钟内完成人工需2小时的条款筛查，精准定位“主体资格瑕疵”“条款表述歧义”等风险点，识别霸王条款并提示补充解约补偿机制。

2. 条款表述优化

提供“合规升级”与“商业利益平衡”双重方案，将模糊的“行业标准”转化为具体国标引用，并为验收标准生成量化指标，同时标注风险等级和法律依据。

3. 合同模板生成

基于行业特征自动适配法规，如为跨境电商合同嵌入《中华人民共和国个人信息保护法》条款，采购合同内置价格波动调价公式，支持企业自定义风控标准。

4. 多语言合规审查

实现中英文条款一致性校验，预警准据法冲突，例如检测涉外合同中“governing law”条款缺失，对比中美知识产权条款差异。

5. 法规动态监测

实时追踪法律更新，自动替换失效条款，如《中华人民共和国合同法》转《中华人民共和国民法典》，推送竞业限制条款的司法解释影响预警。

5.7.2 全流程操作指南

阶段1：合同初筛

场景特征：快速定位核心风险点。

识别高风险条款：

审查本《供应链金融合作协议》，重点标注：应收账款质押条款是否明确基础交易真实性审查责任？违约责任是否覆盖虚假交易情形？

阶段2：条款优化

场景特征：平衡法律合规与商业诉求。

量化模糊条款：

将《软件开发合同》中“系统运行稳定”修改为：≥99.9%可用性（全年宕机时间≤8.76小时），故障响应时间≤2小时。

违约责任平衡：

优化《房屋租赁合同》解约条款：甲方提前解约需补偿3个月租金，乙方提前解约需支付剩余租期租金20%的违约金。

阶段3：模板构建

场景特征：标准化高频合同类型。

行业定制模板：

生成医疗器械经销合同模板，需包含：产品注册证有效性保证条款、冷链物流责任划分、飞检不合格处理流程。

条款组合建议：

设计股权激励协议条款库：成熟期设置（分4年归属）、退出机制（离职回购价格=80%公允价）、税务筹划方案。

阶段4：动态维护

场景特征：确保合同持续合规

法规更新适配：

检测现有《数据合作协议》是否符合最新《生成式AI服务管理办法》，需补充训练数据来源合法性声明条款。

履约风险预警：

监控《建设工程合同》进度节点。若第三期工程款支付延误超15天，自动触发律师函起草模板。

5.7.3　注意事项

1.法律效力边界认知

（1）AI审查不构成法律意见书；

（2）特殊行业合同需人工复核；

（3）要有时效性声明，比如“本审查基于2023年12月前生效法律法规”。

2. 信息安全防护

（1）脱敏处理，上传前使用“替换客户A”或“模糊金额”功能，禁止直接处理含身份证号、银行账户的合同；

（2）本地化部署，涉及并购交易等机密合同，启用离线审查模式阻断数据外传。

3. 人机协同策略

（1）分段审查：每次处理不超过20页，复杂合同按“主体资格→标的条款→违约责任”模块化审查；

（2）人工复核“重大利害关系条款”，AI标注的“低风险”条款仍需人工核查；

（3）交叉验证引用的司法解释是否有效；

（4）建立特殊术语自定义词库。

4. 合规性深度校验

（1）特殊行业适配：医疗合同需追加《医疗器械监督管理条例》专项检查，金融合同验证穿透式监管要求；

（2）地域规范差异：审查《海外劳动合同》时，需加载目标国最低工资、解雇保护等本地法规包。

5. 文档版本控制

（1）修订留痕：使用"红批注+清洁版"双版本输出，修改记录自动生成《条款变更说明》；

（2）关联更新：主合同变更时，同步检测补充协议、附件的一致性，如保密期限与主合同终止条款挂钩。

5.8 自动化办公

5.8.1 核心价值与场景

DeepSeek作为AI驱动的智能办公助手，通过流程自动化、数据智能处理、跨平台协作优化三大核心场景，显著提升职场工作效率。其核心价值体现在：

1. 任务流程重构

将文档生成、数据录入等重复性工作效率提升50% ~ 70%，释放人力至高价值任务；

2. 决策智能化

通过自然语言处理（NLP）和机器学习，实现数据洞察自动化和风险预警精准化；

3. 全链路协同

打通企业微信、钉钉、WPS等平台，实现"指令输入—自动执行—结果反馈"闭环。

5.8.2 应用案例

场景1：文档全流程自动化

场景特征：

智能生成：基于预设模板自动生成合同、报告等文档，支持多语种互译，如中英法律条款对照；

动态优化：结合最新行业数据自动更新模板内容，例如财报中的市场趋势分析模块；

格式转换：实现PDF、Word、Markdown等格式无损转换，保留批注与修订痕迹。

提示词示例：

生成2024Q3市场分析报告框架：包含竞争格局矩阵（引用Statista最新数据）、SWOT分析模块、3种可视化图表类型推荐。

将《技术合作协议》中文版自动转换为英文版，标注“保密期限”条款在英美法律体系的差异点。

扫描纸质合同，OCR识别后自动归档编号，关键条款同步更新法务数据库。

自动提取邮件附件数据，生成周报模板，按部门分类保存至云盘指定路径。

抓取Jira任务数据生成项目文档，触发审批流，终版自动加密分发相关成员。

场景2：智能日程管理

场景特征：会议安排、任务管理等场景，自动生成任务提醒与后续跟进动作。

提示词示例：

协调销售总监、产品经理、技术负责人的日程，推荐3个可用的2小时会议时段（避开周三产品评审会）。

将邮件中提到的5项待办事项转化为Outlook任务，按“重要—紧急”四象限分类，设置截止前3天提醒。

语音输入待办事项，AI解析后分类插入日历，关联地理位置触发提醒。

抓取邮件待审批节点，自动生成日程甘特图，进度延迟时推送应急方案。

场景3：会议管理自动化

场景特征：全周期管理。从议程制定（自动关联历史会议数据）到纪要生成（提取决议事项与责任人）全程自动化。

提示词示例：

基于昨日产品评审会录音，生成含3个技术难点、2项待验证假设的纪要，同步创建Jira任务卡并分配至研发组。

自动同步会议邮件时间地点，生成日程卡片并实时提醒，支持跨设备同步修改。

分析历史日程数据，生成效率报告并推荐优化时段，同步调整会议室预约策略。

场景4：跨平台流程自动化

场景特征：

无缝衔接：在钉钉审批流中嵌入智能合同审查模块，法务驳回时自动推送修订建议；

RPA增强：驱动UIBot完成跨系统数据抓取，如从SAP抓取财务数据至BI看板；

安全管控：删除核心文档之类的敏感操作需三级权限验证，日志自动归档至审计系统。

提示词示例：

配置采购审批自动化流程：金额＜5万元直接触发电子签章，≥5万元时同步抄送财务总监。

场景5：审批流程自动化

场景特征：需从非结构化文档中提取关键字段，如扫描件。

基于规则库自动触发审批路径。

提示词示例：

从扫描版差旅费报销单中识别：员工工号、总金额、票据张数，输出结构化表格。

OCR识别发票自动匹配预算科目，超标费用流转至风控系统生成稽核报告。

抓取采购合同PDF中的供应商名称、合同有效期、违约金条款，生成摘要卡片。

扫描合同关键字段触发多级审批流，超48小时未处理自动升级至上级并短信催办。

同步HR系统员工状态，离职人员发起的审批自动终止并通知接替者接管。

场景6：客户服务自动化

场景特征：客服存在重复咨询、响应慢、知识库未及时更新等问题。

提示词示例：

识别客户咨询渠道优先级，VIP问题直连专家座席，常规问题调用知识库回复。

分析历史对话生成推荐话术，客服输入关键词自动扩展为合规应答模板。

监测服务会话情绪值，负面情绪超阈值时启动主管介入流程并推送客户画像。

5.8.3 注意事项：风险控制与效能平衡

1. 数据治理规范

数据比对：AI生成的财务预测数据需比对统计局、行业协会三方数据源；

敏感信息隔离：启用“熔断机制”阻断含身份证号、银行账户的文档上传至公有云。

2. 合规性管理

法律适配：自动检测合同条款与《中华人民共和国民法典》《中华人民共和国数据安全法》的冲突点，如个人信息处理规则；

知识产权保护：内置查重引擎检测方案文档，重复率＞15%时触发改写建议。

3. 人机协同策略

分段控制：单次自动化流程不超过20个节点，关键决策点保留人工确认环节；

增量优化：根据审计反馈动态调整模型，如优化供应链预警阈值计算逻辑。

4. 系统集成原则

API标准化：优先选用RESTful接口对接ERP系统，避免数据孤岛；

移动端适配：关键预警信息同步推送至企业微信或钉钉，响应延迟≤3分钟。

5. 异常处理设计

预设流程中断应对方案，如服务器宕机时转人工处理并发送警报；

建立错误日志分析系统，定期优化AI模型。

6. 权限管理

权限分级控制，如普通员工仅能触发金额≤1万元的审批流程。

第6章 AI+生活：如何使用DeepSeek打造AI私人助理

6.1 智能健康监护

DeepSeek作为医疗AI领域的先进技术，能够帮助个体实现从“被动就医”到“主动健康管理”的转变，通过整合可穿戴设备数据、医疗记录、生活习惯等多维度信息，为用户提供个性化、实时化的健康管理服务。其核心优势在于：

1. 数据融合

打破医疗“信息孤岛”，例如将智能手环的日常监测数据与医院检验报告结合分析。

2. 精准预测

通过深度学习识别健康风险趋势，如基于心率变异性预测心血管疾病风险。

3. 主动干预

生成定制化健康方案，包括饮食调整、运动计划及就医建议。

6.1.1 个体构建方法与操作路径

1. 数据整合与设备联动

（1）多源数据接入

首先，通过API接口连接主流健康设备，实时采集心率、血氧、睡眠等生理指标；其次，通过整合医院电子病历，需要授权

DeepSeek获取检验报告，如血常规、CT影像等，并自动解析异常指标，生成通俗解读报告。

（2）隐私保护设置

可以采用“去标识化+动态加密”技术，例如将姓名替换为唯一用户ID，医疗数据通过AES-256加密传输；设置数据共享权限，可选择性向家庭医生开放部分健康数据，实现医患协同管理。

2. 个性化模型配置

（1）健康画像构建

输入指令：

基于我35岁女性、2型糖尿病史、每周运动3次的特征，创建健康监护模型，重点关注血糖波动与并发症预警。

系统将自动匹配医学知识图谱，建立个体化评估体系。

（2）动态学习机制

为模型建立动态学习机制，比如通过反馈循环优化算法：当用户执行调整饮食结构等系统建议后，输入“记录昨日餐后血糖值较平均值下降15%”，帮助模型学习干预有效性；设置健康目标驱动，如“3个月内BMI降至22”，系统自动拆解出每日热量摄入值并给出运动量建议。

3. 功能模块激活

（1）三级预警系统

根据健康异常的危害分级，设置三级预警系统：

一级预警：即时推送异常指标，如“连续2小时血氧饱和度＜94%”；

二级预警：趋势性风险提示，如“本月静息心率均值同比上升10%，心血管疾病风险增加”；

三级预警：紧急就医建议，如“胸痛伴随左臂麻木，立即拨打急救电话”。

（2）智能健康助手

语音交互：通过自然语言查询健康数据，如“对比上周与本周的深睡时长”；

场景化建议：根据实时环境提供指导，如“当前$PM_{2.5}$指数175，建议减少户外跑步”。

6.1.2　应用案例

案例1：糖尿病患者的精细化管理

用户背景：42岁男性，确诊糖尿病5年，近期糖化血红蛋白7.6%。

实施过程：

（1）接入动态血糖仪与饮食记录App，实时监测血糖波动与碳水化合物摄入量；

（2）DeepSeek发现“晚餐后血糖峰值与主食类型强相关”，建议替换白米饭为藜麦，并推荐餐后散步方案；

（3）生成可视化报告：对比调整前后的血糖曲线，标注最佳干预时段。

案例2：术后康复的智能监护

用户背景：膝关节置换术后患者，需监测康复进度并进行疼痛管理。

实施过程：

（1）通过智能护具采集关节活动度数据，结合疼痛指数自评；

（2）DeepSeek对比标准康复曲线，发现屈曲角度恢复滞后，推送定制训练视频（含动作幅度提示）；

（3）智能药盒联动：根据疼痛等级自动调整止痛药剂量建议。

案例3：职场人群的亚健康干预

用户背景：28岁程序员，长期久坐、睡眠质量差。

实施过程：

（1）同步智能手表压力监测数据与日历日程，DeepSeek发现“每周三下午皮质醇异常升高”；

（2）DeepSeek推荐“会前5分钟呼吸训练+低GI零食清单”；

（3）办公环境联动：智能升降桌在久坐1小时后自动提醒站立。

6.1.3 关键注意事项

1. 技术边界认知

AI建议不可替代专业医疗诊断，心电图异常之类的高危预警需人工复核。

设备校准：定期对比血压计等医用设备与可穿戴设备数据，修正监测误差。

2. 数据安全防护

敏感信息分级存储，基因检测数据单独加密，与日常健康数据隔离；设备端计算，在智能手环本地完成基础数据分析，仅上传特征值至云端。

6.2 情绪管理

DeepSeek通过整合生理数据监测、语言情绪分析、行为模式识别等技术模块，形成实时检测、及时干预的情绪管理机制。其核心功能和价值如下：

1. 实时情绪可视化

实时识别情绪，通过语义分析捕捉情绪化表达等认知扭曲信号，将抽象情绪转化为可量化指标，如压力值、情绪波动曲线。

2. 个性化干预方案

智能疏导，基于用户特征生成定制化、场景化的情绪调节方案。

3. 预防性预警机制

识别情绪崩溃前兆并提前介入，通过分析聊天记录输出“非暴力沟通话术库”，提升冲突解决效率。

6.2.1 个体实操方法与步骤

1. 数据采集与整合

(1) 设备联动设置

将Apple Watch、小米手环等设备接入DeepSeek，开启以下数据授权：

①连续心率监测：检测焦虑时的窦性心律不齐；

②睡眠阶段记录：分析REM睡眠与情绪稳定的相关性；

③日常活动量：久坐触发抑郁情绪预警。

(2) 数字痕迹分析

提示词示例：

分析过去30天的微信聊天记录，提取愤怒、悲伤关键词频率，生成情绪热力图。

DeepSeek将自动生成可视化报告，标记高频负面情绪时段。

2. 情绪分析模型构建

(1) 个性化基准设定

完成心理测评问卷后输入提示词：

根据SCL-90测评结果（焦虑因子分68，抑郁因子分55），建立情绪健康基线模型。

DeepSeek将自动标注正常波动范围，如压力值30~70为安全区间。

(2) 多维度关联分析

输入组合指令：

将本周压力曲线与以下数据叠加分析：工作日会议安排密度、咖啡因摄入量记录、夜间手机使用时长。

DeepSeek生成交互式仪表盘，揭示隐藏诱因。

3. 智能干预策略

（1）即时调节方案

当DeepSeek检测到情绪异常时，自动触发：

①呼吸训练引导："检测到焦虑指数升至82，立即开始4—7—8呼吸法（吸气4秒—屏息7秒—呼气8秒）"；

②系统生成环境干预建议："当前环境噪声68分贝，建议佩戴降噪耳机并播放白噪音"。

（2）长期改善计划

输入定制指令。

生成6周情绪调节方案，包含：

每日正念练习，从5分钟渐进至20分钟；

血清素饮食计划，附富含色氨酸食物清单；

社交节奏优化，建议每周独处恢复时间≥7小时。

DeepSeek将输出长期改善计划。

4. 专项指令集示例

```text
# 职场压力管理模型
"初始化情绪管理协议：
  - 当检测到『截止日期』相关词汇出现频率>8次/小时时
  - 自动生成『番茄工作法+渐进式肌肉放松』组合方案
  - 推送舒缓音乐歌单（BPM<60）":ml-citation{ref="3" data="citationLis

# 亲子关系优化模块
"建立冲突预警规则：
  1. 识别对话中『你总是』『又来了』等指责性句式
  2. 触发『换位思考引导问题』：
     『孩子此刻的需求是什么？』
     『我的真实担忧在哪里？』":ml-citation{ref="8" data="citationList"
```

6.2.2　实际应用案例

案例1：职场压力管理

背景：32岁产品经理，频繁加班导致情绪暴躁。

实施过程：接入智能手表数据，发现每周四18:00~20:00压力值持续＞85（汇报日前夕）。

DeepSeek交叉分析发现诱因：该时段平均处理5.3个并发任务，皮质醇水平比日常高38%。

生成干预方案：

智能日程重组：将复杂任务拆解到周三上午（专注力高峰时段）；

桌面微环境改造：周四下午自动开启桌面绿光灯（470~490nm波长缓解焦虑）。

话术优化建议：在沟通中增加缓和语句，如将“必须今天完成”改为“我们优先处理这部分”。

案例2：学生考试焦虑干预

背景：19岁大学生，考前出现心悸、失眠。

实施流程：通过手机前置摄像头进行微表情分析，DeepSeek发现“复习时频繁出现痛苦表情（皱眉频率3.2次/分钟）”。

DeepSeek制定分层方案：

认知重塑训练：解析错题时自动插入鼓励弹窗，如“已掌握87%的考点，比上周提升22%！”

生物钟调节：根据睡眠数据定制复习时段，如将记忆类任务调整到体温峰值后2小时。

应急工具箱：考场紧张时触发手环振动提示，播放预设的自我肯定语音。

案例3：产后抑郁预防

背景：28岁新手妈妈，情绪持续低落。

实施流程：通过智能家居设备收集行为数据，DeepSeek发现，凌晨喂奶时平均站立时长47分钟（引发身体疲劳）；日间有效社交对话＜15句。

DeepSeek联动家庭生态系统：

智能育儿协助：婴儿哭闹时自动分析声纹特征，如饥饿、困倦、不适等，减少误判压力；

情绪补给站：在吸奶器使用时段推送精选喜剧片段，触发内啡肽分泌；

支持系统构建：每周自动生成“丈夫待办清单”，同时包含具体关怀动作与话术。

案例4：家庭冲突调解

背景：母亲辅导作业时血压升至138/90mmHg，语音识别到音量提高12分贝，以及孩子出现摔笔、踢桌脚等行为信号。

解决方案：

（1）触发“冷静期”协议：智能音箱播放《阿尔法脑波音乐》；

（2）生成“非暴力沟通”话术：“妈妈注意到你现在有点烦躁，是这道题太难了，还是我的讲解方式有问题？”

（3）推送亲子游戏方案：“数学版大富翁”学习工具包。

6.2.3 关键注意事项

1.技术使用边界

（1）情绪识别准确率约82%，重大决策需结合人工判断；

（2）禁止用于精神疾病诊断；

（3）每日系统使用时长建议≤90分钟，避免数字依赖。

2.数据安全防护

（1）敏感数据本地处理

语音记录在手机端完成情绪分析后立即删除原始文件。聊天记录会自动删除真实姓名和敏感信息，就像用马赛克处理照片。

（2）三重加密存储

生理数据→行为数据→主观报告分层隔离存储。把身体数据（比如心跳）、行为记录（如手机使用）和心情日记分开存放，分别用不同的高级锁加密，就像把贵重物品分开放进不同保险箱。

3. 伦理风险控制

设置“反操纵机制”，当检测到他人试图通过情绪数据施加影响时自动预警。保留“原始模式开关”，可随时关闭智能分析，回归传统记录方式。

通过系统化应用上述方法，普通人可建立科学、私密的情绪管理系统。当然，技术是辅助工具，真正的情绪主人永远是自己。

6.3　消费计划

DeepSeek通过消费行为分析、资金流预测、个性化策略生成三大功能模块，帮助普通人实现智能化消费管理。

6.3.1　实操方法与步骤

1. 数据整合与画像构建

（1）多账户接入

提示词示例：

关联我的支付宝、微信钱包、3张银行卡账单，自动分类近6个月的消费记录。

系统将生成可视化报表，标记：

①固定支出占比，如房租35%；

②冲动消费高频场景，如深夜直播购物；

③潜在浪费点，如未使用会员权益。

（2）消费人格分析

完成测评问卷后输入指令。

提示词示例：

根据测评结果（享乐型消费倾向，评分72分），建立防冲动购物预警模型。

系统自动设置阈值：单笔非必需消费>月收入5%时触发拦截。

2. 智能策略生成

（1）动态预算系统

提示词示例：

月收入10000元，需强制储蓄3000元，设置三级消费警戒线：

黄色预警：月消费达预算80%；

橙色预警：单日支出超日均3倍；

红色拦截：疑似诈骗交易。

（2）消费优化方案

提示词示例：

生成省钱组合拳策略：

找出10个可替换的低价同类商品（质量差异<15%）；

标记3个溢价过高的消费场景；

推荐2个闲置物品变现渠道。

3. DeepSeek模型配置

消费分级策略。

text　　　　Copy Code

```
# 家庭开支管理协议
"初始化四象限消费模型：
  1. 必需型消费（水电煤/房贷）占比≥40%
  2. 发展型消费（教育/健身）占比20-30%
  3. 享乐型消费（旅游/娱乐）占比≤15%
  4. 应急储备金占比≥10%":ml-citation{ref="7" data="citationList"}
```

智能比价系统。

提示词示例：

建立全平台比价规则：

（1）家电3C类商品：比价范围覆盖五大电商+3家线下连锁；

（2）生鲜食品：综合考量配送时效与满减优惠组合；

（3）服务类消费：优先选择会员积分可抵扣的供应商。

4. 动态优化策略

消费抑制机制。

提示词示例：

深夜购物预警：23:00~02:00下单时弹出5分钟冷静期提示；

替代方案推荐：高价商品加入购物车时自动推送二手平台同款。

6.3.2 实际应用案例

案例1：大学生生活费管理

背景：每月2000元生活费总在20号前耗尽。

实施过程：分析消费记录发现知识付费课程利用率仅11%。

DeepSeek生成课程置换系统，未观看课程自动挂二手平台。

案例2：家庭开支优化

背景：四口之家月均超支5000元。

实施过程：深度分析发现生鲜损耗率42%（因过量采购）；重复订阅5个同类视频会员。

解决方案：

DeepSeek联动智能家电：

AI菜谱规划：根据冰箱库存推荐三餐搭配；

会员矩阵重组：按观影记录保留2个核心平台，其他改用单次付费。

案例3：自由职业者现金流管理

背景：收入不稳定导致消费混乱。

DeepSeek生成方案：

收入自动按比例分配，如日常账户50%、税务账户20%、应急基金30%；

开发“饥饿指数”算法：账户余额<月均支出1.2倍时启动节流模式；

设置消费弹性规则：高收入月自动充值折扣卡，如理发店充值享6折；低收入月触发“替代消费”建议，如将健身房转为公园晨跑。

6.3.3 关键注意事项

1. 数据安全防护

采用“指纹加密+区块链存储”技术，支付密码等敏感信息不上云；设置“隐私沙盒”，消费记录分析仅保留特征值，原始数据本地存储；启用“阅后即焚”模式，账单解析完成后自动清除原始文件。

2. 系统使用边界

禁止直接接入股票或基金交易，该行为需人工决策；设置“反诱导机制”，当检测到过度节流，如饮食支出<健康标准时强制恢复；保留人工干预通道，可随时暂停自动扣款等智能服务。

通过上述方法，普通人也可以建立起科学、可持续的智能消费体系。当然，智能系统是参谋而非主宰，最重要的还是建立理性消费的价值观。

6.4 旅游攻略

智能旅游攻略是通过人工智能技术整合海量旅行数据，结合用户个性化需求，自动生成行程规划的工具。DeepSeek作为智能助手，可分析用户输入的“时间预算”“兴趣偏好”“消费水平”等条件，快速输出包含交通、住宿、景点、餐饮的完整方案，帮助普通人轻松完成复杂的行程规划。

6.4.1 为什么使用DeepSeek制作旅游攻略

1. 核心优势

（1）精准适配：结合用户画像中，预算、兴趣、体力值等指标生成定制方案，比如根据“亲子游”“摄影主题”等标签定制内容；

（2）省钱省力：5分钟生成3天行程，替代数小时手动检索，还可以自动比价并规避隐性消费陷阱；

（3）动态优化：实时更新景区开放信息、交通延误预警，及时监测天气、交通、政策变动，预判风险。

2. 应用场景

（1）家庭亲子游：平衡青壮年、老年、儿童等各年龄段需求，合理规划路线；

（2）文化主题游：深度串联网红、历史景点与所在地活动；

（3）商务差旅：高效安排会议与休闲时间；

（4）学生穷游：追求高性价比，挖掘小众景点；

（5）户外探险游：安全与体验兼顾。

6.4.2 使用DeepSeek制作旅游攻略的4步法

步骤1：数据采集与需求输入

（1）数据采集，构建智能画像

系统自动分析：

通过社交媒体点赞记录识别真实兴趣，如发现用户收藏10篇扎染教程；

结合运动手环数据推算体力阈值；

扫描历史订单规避重复消费模式。

（2）明确需求输入

可以用自然语言描述旅行需求，例如：

计划7月带父母和6岁孩子去青岛玩3天，预算人均1500元，希望包含海洋馆、沙滩和海鲜餐厅，住宿偏好交通便利的酒店。

步骤2：生成行程框架

DeepSeek会输出“每日路线地图+时间轴”，可以使用结构化提示词，多维度输入偏好：

我需要7天西藏旅行方案，包含：

预算：人均6000元（含机票）；

兴趣标签：少数民族文化、高原风光摄影、特色民宿体验；

体力值：中等，每日步行≤15000步；

避坑需求：拒绝购物团常规路线。

DeepSeek将输出具体方案：

> 西藏7天深度旅行方案：
>
> 预算控制：人均约5800元（机票按往返2500元预估）
>
> 核心亮点：藏文化沉浸 × 摄影黄金点位 × 小众住宿
>
> Day1：拉萨初适应|文化浸润+高原缓冲

09:00抵拉萨，专车接机入住“弥散式供氧藏式酒店”（血氧检测+红景天饮品）

12:00酒店藏餐体验：酥油茶+糌粑（缓解高反）

15:00八廓街轻徒步（学习转经礼仪，拍摄人文街景）

18:30大昭寺外围落日摄影（免门票区域取景）

Day2：拉萨核心|朝圣之旅+藏装创作

08:30布达拉宫深度游（提前7天预约门票，含专业藏史讲解）

12:30药王山观景台拍摄（50元人民币同款机位）

15:00藏装旅拍（八廓街全包套餐，含服装、精修、开光手串）

18:00观赏《文成公主》实景剧（VIP座位，含接送）

Day3：拉萨→林芝|低海拔缓冲+秘境探索

08:00乘车穿越米拉山隧道，沿途拍摄318国道风光

12:00巴松措湖心岛摄影（避开旅行团扎堆时段）

15:30鲁朗林海骑马体验（检查马具安全性，赠送防风围巾）

夜宿鲁朗镇藏式民宿（石锅鸡晚餐+藏药材汤浴）

……

Day7：返程|祈福收官

08:00扎基寺财神庙祈福（周三香火最旺，赠开光哈达）

12:00返程送机（赠送便携装牦牛干+防晒伴手礼）

避坑执行清单

交通：全程越野车包车（含司机、油费、氧气），日均600元/车；

门票：布达拉宫、纳木错、文成公主演出票由地接提前代订；

住宿：全程四钻级含氧酒店+2晚特色民宿（人均1100元）；

餐饮：藏餐/川菜交替安排，日均餐标100元（含体验项目）；

费用总计：机票2500+当地3300=5800元（浮动±5%）；

DeepSeek还给出当地导游的服务电话，拨打电话可享早鸟优惠及行程微调。

步骤3：细化实用信息

根据DeepSeek生成的信息，可以通过追问的方式，细化补充旅游过程中的相关信息：

“请推荐八廓街附近评分4.5分以上的网红餐厅”。

“布达拉宫参观是否需要提前预约？”

DeepSeek按照要求，推荐了8家八廓街附近的高评分网红餐厅，均位于八廓街步行10分钟范围内。

关于参观预约布达拉宫，DeepSeek给出了相关政策：

> 参观预约布达拉宫小贴士：
>
> 预约要求：需在参观日期前7天通过“布达拉宫票务系统”微信小程序预约（例：4月8日参观，需4月1日08:30抢票）；
>
> 时段限制：按预约时段分批次进入，建议选择09:00~11:00时段，光线适合摄影；
>
> 证件准备：身份证原件+预约码，禁止携带氧气瓶，宫内提供免费吸氧点；
>
> 特殊通道：60岁以上老人凭身份证可走快速通道，但仍需提前预约。
>
> 温馨提示：
>
> 八廓街餐厅旺季（5—10月）需提前2天电话预约窗边位，部分餐厅支持线上取号。

步骤4：验证与调整

如果旅行计划临时变动，可以补充输入指令，优化方案：

Day2下午增加一个室内景点，避免孩子中暑。

DeepSeek可依照指令调整方案：

> 14:00~16:00青岛科技馆（免费，需公众号预约）。

6.4.3　实际应用案例

案例1：家庭跨代旅行协调

背景：家庭跨代旅游方案

提示词示例：

我需要制定一个为期两天、三代同游的故宫旅游方案，老人65岁，父母40岁，儿童8岁。

以下是DeepSeek根据提示词生成的旅游方案，结合历史文化、趣味互动与舒适体验，兼顾不同年龄层的需求：

三代同游故宫旅游方案：

第一天：经典路线+趣味探索

主题：感受皇家气派，初识故宫精华。

目标：避免高强度步行，穿插休息与互动活动。

路线亮点：

上午（中轴线核心）

午门（唯一入口，建议打车至东华门，步行至午门，避开天安门安检长队）。

太和殿、中和殿、保和殿：讲解明清皇帝大典场景，孩子可观察屋顶神兽，老人可借助栏杆处休息拍照。

乾清宫、交泰殿、坤宁宫：了解皇帝与后妃生活，父母可结合《甄嬛传》等影视剧讲解。

中午

故宫餐厅（坤宁宫东侧）：享用简餐，推荐宫廷糕点或炸酱面，补充体力。

下午（西六宫+互动）

慈宁宫雕塑馆：观赏网红小狮子雕像，孩子可拍照打卡。

冰窖书店：免费盖章（带儿童手账本增加趣味），购买故宫文创。

储秀宫、翊坤宫：探索慈禧生活场景，老人可借机讲述历史故事。

御花园：放松休息，孩子可观察古树奇石，老人可坐亭台休憩。

注意事项：

租借轮椅或拐杖需提前联系故宫服务处；

携带防晒帽并充足饮水。

使用儿童讲解器（卡通版）提高孩子兴趣。

第二天：深度文化+亲子体验

主题：沉浸式体验艺术与珍宝。

目标：精选展览与亲子活动，减少疲劳。

……

其他实用建议：

提前7天通过官网或公众号预约门票，必选珍宝馆、钟表馆联票。

石板路颠簸，携带婴儿车需防震款；携带折叠凳供老人随时休息。

自备坚果、水果等健康零食，避免景区高价。

紧盯儿童避免走失，御花园水池等区域需特别注意。

案例2：文化深度游（西安）

提示词示例：

3天历史主题游，希望“避开人潮，听专业讲解”。

DeepSeek方案：

07:30错峰参观兵马俑（附电子讲解优惠码）；

汉阳陵地宫（游客较少，门票60元）；

推荐“大秦小宴”演出（沉浸式历史剧，19:30场次）。

……

案例3：学生穷游（成都—重庆）

提示词示例：

6天预算2000元，重点体验火锅、老街拍照、网红打卡点。

DeepSeek方案：

交通：夜间硬卧火车（成都—重庆，省1晚住宿费）；

路线：成都宽窄巷子（免费）+重庆洪崖洞（机位推荐：千厮门大桥）；

餐饮：建设路小吃街（人均30元）。

……

6.4.4　注意事项

1. 信息交叉验证

重要信息（如开放时间）需匹配3个可信来源。

2. 设置“人工复核点”

人工核查景区官网或公众号，确认DeepSeek推荐的“免门票政策”“临时闭馆通知”是否更新；进行攀岩、潜水等高风险活动前强制确认。

3. 隐私保护

避免在提问中透露“身份证号”“酒店房号”等敏感信息。

4. 应急备案系统

每个景点预设2个替代方案。预留弹性时间，建议每日景点不超过3个，留出1~2小时缓冲时间应对堵车、排队等情况。

通过DeepSeek，普通人可快速获得“逻辑清晰+成本可控”的旅行方案。关键在于学会用“限定词”精准提问，如“带老人”“避开台阶”等，并通过多次迭代优化细节。尝试用“模拟极端情况”测试方案的灵活性，如极端天气下的交通方案，让AI真正成为高效旅行助手。

6.5 时间管理

DeepSeek作为智能助手，能帮助用户快速完成“目标拆解”“任务排期”“执行监控”等环节，解决“拖延症”“多线程工作混乱”“效率低下”等痛点。

6.5.1 核心方法与操作指南

1. 时间诊断与画像构建

（1）多维度数据采集

输入提示词：

分析我过去7天的时间日志，输出：“时间损耗TOP3场景”“每日高效时段分布”“任务切换成本评估”。

（2）生物钟建模

通过智能设备数据，如手环睡眠记录、手机使用时段等，建立个人效能曲线：

①识别晨型、夜型特质；

②标注大脑活跃峰值，如上午10点创造力最佳；

③发现隐藏时间陷阱，如午休后30分钟效能低谷。

2. 智能计划生成

（1）任务解构技术

输入复杂任务：

需要完成市场分析报告（预估8小时），请拆解为可执行的原子任务。

DeepSeek输出结果：

> 数据收集（1.5h）→竞品对比（2h）→图表制作（1h）→文稿撰写（3h）→修订润色（0.5h）

（2）动态调度算法

设置参数：

今日可用时间块：09:00~11:30（专注力A级）；14:00~15:00（专注力B级）；19:00~21:00（专注力C级）。

请自动分配：客户方案制订（4h）、技能学习（1h）、邮件处理（0.5h）。

3. 执行监控与调整

（1）专注力护航系统

手机自动切换勿扰模式，如检测到进入深度学习时；

网页浏览限制，如屏蔽娱乐网站访问20分钟；

环境感知调节，如推荐适合当前任务的背景音乐。

（2）弹性应急机制

提示词示例：

原定2小时写作被临时会议占用，请重新分配剩余任务并调整明日计划。

6.5.2 实用案例

案例1：互联网公司项目经理

背景：需同时推进3个跨部门项目，每日处理50+条消息，常因临时会议打乱计划。

提示词示例：

用时间盒法规划每日工作，预留20%缓冲时间，区分ABCD任务优先级。

DeepSeek输出结果：

09:00~10:30（A级）：撰写核心项目需求文档（勿打扰模式）；

10:30~11:00（B级）：回复重要邮件；

14:00~15:00（C级）：参加非关键会议（可委派下属）；
16:00~17:00（D级）：整理明日计划。

案例2：考研学生冲刺规划

背景：跨专业考生，每日有效学习时间不足5小时。

提示词示例：

你是一名跨专业考生，每日有效学习时间不足5小时，请生成一份考研冲刺计划。

DeepSeek输出解决方案：

根据睡眠周期设定04:30~22:30作息（含90分钟午睡）；
将难点科目（西方经济学）调整到早晨清醒期（06:00~08:00）；
……
碎片化利用：
食堂排队时自动推送核心概念速记卡；
洗澡时播放专业术语音频解析；
……

案例3：自媒体博主创作平衡

背景：内容创作、粉丝互动、商务对接相互冲突。

提示词示例：

你是一名自媒体博主，请出一份时间管理方案，平衡内容创作、粉丝互动、商务对接的相互冲突。

DeepSeek输出时间管理方案：

创作时段（06:00~09:00）：禁用社交软件；
商务时段（14:00~15:30）：批量处理合作邀约；
互动时段（21:00~21:30）：集中回复粉丝留言。

6.5.3　注意事项

1. 数据安全防护

时间日志采用“分段加密+本地存储”技术，生物特征数据（如专注力曲线）72小时后自动脱敏；设置“隐私屏障”，屏蔽雇主对工作效能数据的访问；保护隐私与数据安全，切勿输入具体客户名称、内部文件等敏感信息，改用“项目A”“客户B”等代称。

2. 系统使用边界

每日AI调度干预≤3次，保留人工决策空间；人性化留白，每日保留1~2小时“弹性时间”处理突发事件或放松休息；设置“强制休息提醒”，连续工作90分钟必须暂停。

3. 动态校准目标

避免过度依赖工具，人工核查DeepSeek生成的计划是否符合实际；当遇到重大变化，如临时出差、家庭变故时，及时用新数据训练模型，例如：“原定计划因家庭原因中断，需在剩余10天内完成80%目标，请重新排期。”

4. 持续迭代

通过DeepSeek管理时间的关键在于“数据化”与“持续迭代”。可使用具体数据替代模糊描述，如将“提高效率”改为“将会议时间压缩30%”；可通过“假设验证”优化方案，如提问：“如果每天早起失败，备选方案是什么”等。

扫码查看
◎AI设计助手
◎入门指南
◎模型文档

第7章
辅助学习：如何使用DeepSeek开启高效学习之旅

7.1 个性化学习

个性化学习是以学习者的知识基础、兴趣偏好、认知节奏为核心，通过技术手段定制专属学习路径的现代教育模式。

DeepSeek作为智能工具，可通过分析用户输入的“当前水平”“目标方向”“时间限制”等数据，生成包含资源推荐、进度管理、效果评估的一站式方案，帮助普通人突破传统学习瓶颈。无论是学生备考、职场技能提升，还是外语学习、兴趣拓展，都可利用DeepSeek形成自己的个性化学习方案。

7.1.1 实操案例

案例1：公共营养师考试

提示词示例：

我是一名大健康行业的从业人员，要参加6月份的公共营养师考试，每天有2个小时学习时间，请帮我制订一个学习计划。

输入上述提示词后，DeepSeek给出了每日两小时的学习计划，推荐了备考资源、学习进度，并且还提供了每周日进行学习进度自检，考试前3天重点复习近三年真题考点，每周三、五晚上专注学习，周末进行模考等专业建议。

阶段划分 & 时间分配

总原则：4月基础奠基 → 5月技能强化 → 6月考前冲刺
每日2h拆分建议：

- **1h基础知识（理解+记忆）**
- **1h专业技能（计算+案例分析）**
- **周末3h模拟测试+错题复盘**

案例2：银发族数字素养提升

提示词示例：

我是一名65岁的退休老人，之前没有接触过智能化设备，如何学会使用智能设备？请列出十项行动清单。

输入上述提示词后，DeepSeek输出了十项行动清单：

1. 认识基础按键

掌握电源键（开关机）、音量键（调节声音）和home键（返回主界面）。

2. 解锁三板斧

练习滑动解锁、图案解锁和紧急呼叫（设置家人快捷拨号）。

3. 手势四部曲

学会单击（打开应用）、长按（调出功能）、双指缩放（看照片或文字）、左右滑动（翻页）。

4. 语音助手急救包

设置方言唤醒词，记住三句话："打电话给儿子""明天天气怎么样""早上七点提醒我吃药"。

5. 视频通话五步法

固定每周日为视频日，提前写好流程卡：①点绿色图标；②找"+"号；③选"视频通话"；④点家人头像；⑤说话时看摄像头。

6. 扫码支付特训

在子女陪同下，用超市储物柜扫码（零风险）练习10次，再实战买一瓶水。

7. 防诈骗“三不”原则

设置来电白名单，不点陌生链接、不说验证码、转账必须子女在场。

8. 每日充电仪式

每晚7点固定充电（设闹钟提醒），充电头贴颜色标签防止插错。

9. 错误应对方案

记住重启大法（长按电源键10秒），准备应急卡片记录Wi-Fi密码和子女联系方式。

10. 成就打卡墙

用磁贴把学会的功能贴冰箱上，每掌握1项就移动1个磁贴到“已掌握”区域。

核心原则：每个项目确保15分钟内可完成，通过高频次重复（如每天充电时复习1项）建立记忆，重点保留纸质操作卡作为安全备份。

7.1.2 关键注意事项

1. 数据安全防护

隐私过滤，上传个人笔记时自动替换敏感信息，如将真实地址转为“某小区”，删除学校名称、公司内部代码等敏感信息。

2. 技术使用边界

比如认证类学习，AI辅助备考但不提供代考方案；技能实操时，编程指导需配合本地开发环境验证；不能越过伦理红线，拒绝生成学术不端内容，如代写论文或提供作弊技巧等。

3. 防止信息过载

用指令限制资源数量，例如："推荐不超过5个Python学习网站，按新手友好度排序"。

4. 交叉验证准确性

涉及公式推导、代码语法等关键知识点时比对权威资料，避免AI"幻觉"导致错误。

5. 持续迭代

DeepSeek能实现个性化学习的关键在于"数据驱动迭代"。例如：每周用"掌握率热力图"识别薄弱环节，有针对性地追加练习；在提问中量化需求，比如将"学得快一点"改为"希望两周内熟记200个单词"；结合"费曼学习法"让AI模拟提问者，通过反向教学巩固知识；善用"对比指令"，比如提问"《新概念英语》与《走遍美国》哪套更适合我的听力提升目标？"……这种持续迭代可大幅提高资源匹配精度。

6. 保留人性化调节

注意人性化。当系统推荐"每日4小时高强度学习计划"时，需根据身体状态手动调整任务量。

7.2 论文写作

DeepSeek作为智能助手，通过文献智能分析、逻辑结构优化、学术规范校验等强大功能，可在论文写作的全流程环节发挥作用，解决"文献检索低效""逻辑链条断裂""格式反复调整"等痛点。

7.2.1 DeepSeek辅助论文写作的核心价值

1. 效率提升

通过"关键词联想"快速锁定研究方向，节省80%文献筛选时间。跨学科知识融合，快速整合多领域研究成果。

2. 逻辑强化

生成论文结构思维导图，标注论点与证据的匹配度。

3. 规范保障

自动检测引用格式，如APA、MLA等，规避学术不端风险。

4. 语言优化

提供学术化表达改写建议，降低重复率。

5. 动态纠偏

实时监测论文偏离度并预警。

7.2.2 DeepSeek辅助论文写作的5步法

步骤1：选题定向

提示词示例：

在“生物柴油”领域，找出近3年未被充分研究的3个方向，要求至少2个交叉学科方向。

步骤2：文献智能检索

提示词示例：

查找近5年SSCI一区期刊中，关于“数字化赋能供应链创新”的英文文献，排除纯理论研究。

步骤3：写作过程辅助

（1）生成结构化大纲

提示词示例：

生成“人工协同下的新工作范式”论文大纲，要求：包含3个核心观点，3个二级标题，6个三级标题；每个核心观点准备3个反驳视角。

（2）数据可视化优化

上传原始数据后指令：

将这三组实验数据转化为符合出版规格要求的图表，遵循《Nature》子刊格式规范。

步骤4：语言润色

提交待修改段落：

企业数字化转型有很多好处，比如提高效率和减少成本。（口语化表达）

步骤5：格式合规审查

上传初稿并要求：

检测参考文献是否符合APA第7版格式，标记缺失的DOI编码。

7.2.3　应用案例

案例1：工科硕士论文优化

提示词示例：

我的论文实验数据丰富，但论述松散，能帮我优化一下吗？

输入上述提示词后，DeepSeek输出了解决方案：

1.逻辑重构：

使用“因果链分析”重组实验发现；

生成讨论部分反驳树（预设8个质疑点）。

2.表达升级：

将“结果很好”转为“催化效率较传统方法提升37.2%（$p<0.01$）”；

添加机理示意图（DeepSeek生成分子动力学模拟简图）。

案例2：文献综述与批判分析

提示词示例：

针对“社交媒体对青少年心理健康的影响”主题完成以下任务：

检索近5年SSCI/SCI顶刊文献，按研究结论倾向（积极、中性、消极等）分类；

对比中西方研究方法差异，如样本量、测量工具等；

指出3个未被充分研究的亚群体，如农村留守儿童、LGBTQ+青少年等。

DeepSeek输出：

1.文献分类：

积极影响（15%）：社交支持提升心理韧性（《JMIR》2023）；

中性影响（40%）：U型关系（《Nature Human Behaviour》2024）；

消极影响（45%）：外貌焦虑与抑郁正相关（《JAMA Psychiatry》2025）。

2.方法对比：

西方：大数据追踪（N>10万，如Facebook数据合作）占70%；

中国：问卷调查（2000≤N<5000）占85%，量表多采用SCL-90。

3.研究空白：

农村留守儿童短视频使用与孤独感关系；

LGBTQ+青少年在匿名社交平台的自我认同构建；

高智商青少年的社交媒体信息过载焦虑。

7.2.4 注意事项

1. 学术诚信底线

仅用DeepSeek辅助“表达优化”“格式检查”，核心论点与数据必须自主产出；使用查重工具交叉检测AI改写内容，确保重复率低于学校、期刊标准；禁止直接使用生成的文字结论，AI创作内容仅作为灵感参考；数据预处理必须保留原始记录文件。

2. 质量保障机制

设置“专家复核点”，关键结论需人工验证原始数据；启用“逻辑压力测试”，随机删除某段落检验论证完整性；使用“学术影响力预测”模块评估发表价值。

3. 信息交叉验证

对DeepSeek推荐的文献、数据，通过Google Scholar、统计局官网二次核实；涉及公式推导、代码输出时，需人工验证正确性，如用LaTeX编译测试。

4. 版权规避策略

引用AI生成的示意图时注明“基于公开数据绘制”，使用开源数据集，如World Bank、Kaggle等，替代未授权商业数据。

5. 隐私保护

上传问卷原始数据前删除受访者姓名、联系方式等敏感信息；涉及未发表成果的关键段落，用“某算法”“某企业”替代具体名称。

6. 人机协同

初稿阶段优先自主写作，避免过度依赖AI导致思维惰性；修改阶段侧重用DeepSeek完成“逻辑漏洞检测”“文献格式批量化处理”等机械劳动。

7.3 外语学习

DeepSeek作为智能助手，通过“个性化学习路径规划”“实时互动纠错”“多模态资源推荐”等功能，帮助学习者突破“死记硬背”模式，实现效率与兴趣双提升。

7.3.1 DeepSeek辅助外语学习的5步法

步骤1：水平诊断与目标设定

用结构化指令明确需求：

当前英语水平CET-4级，目标6个月内雅思6.5分，每日可投入1.5小时，听力是弱项。

DeepSeek响应：

能力雷达图：标注听力、阅读、写作、口语得分率。

目标拆解：

阶段1（1~2月）：听力突破（重点：学术讲座精听）；

阶段2（3~4月）：写作逻辑强化（衔接词运用）；

阶段3（5~6月）：全真模考与弱项补漏。

步骤2：生成学习地图

DeepSeek基于目标输出资源与计划：

听力专项方案：

精听材料：TED-Ed科普类演讲（每日1篇，1.2倍速）；

泛听资源：BBC 6 Minute English（通勤碎片化输入）；

检测机制：每周完成2套雅思听力Section3专项训练。

步骤3：获取定制资源

通过细化指令匹配工具：

推荐适合睡前记忆的雅思高频词库，要求按主题分类、含例句发音。

DeepSeek反馈：

工具推荐：

Quizlet“IELTS Academic Wordlist”学习集（含餐饮、教育等12个主题）；

欧路词典“例句跟读”功能。

记忆策略：

用“图片联想法”记忆抽象词汇，如sustainability→环保标志图；

每日睡前复习15词，配合艾宾浩斯曲线复习表。

步骤4：实时互动训练

提交练习内容请求反馈：

模拟雅思口语Part 2答题：Describe a historical place，请评估流利度与词汇得分。

DeepSeek分析：

流利度：3处冗余停顿，建议使用“Well, let me think…”过渡；

词汇多样性：重复使用“important”4次（替换为significant/crucial）。

步骤5：学习效果迭代

根据测试结果调整计划：

模考听力从5.5提升至6.0，但地图题错误率仍有50%，如何专项突破？

DeepSeek建议：

强化“方位介词+建筑布局”表达（如diagonally opposite、adjacent to）；

用Google Earth实景地图进行虚拟场景描述练习；

追加10套地图题高频考点训练（银行/公园/校园平面图）。

7.3.2 应用案例

案例1：职场人士商务英语提升

提示词示例：

你是一名外贸专员，需在3个月内掌握商务邮件撰写与会议口语，每日仅30分钟可用。生成BEC中级备考计划，侧重商务谈判场景，拒绝通用英语教材。

DeepSeek输出结果：

BEC中级3个月专项备考计划（外贸方向）

目标：精准提升商务邮件撰写与会议谈判口语能力，每日30分钟高效学习，拒绝低效通用教材。

第一阶段：基础构建（第1~4周）

核心任务：搭建商务场景语言框架。

高频词汇定向积累（每日10分钟）。

聚焦商务谈判场景词汇：如“counteroffer（还盘）”“term sheet（条款清单）”“force majeure（不可抗力）”等。

通过场景分类记忆法，将词汇按“价格谈判”“合同条款”“物流争议”等场景分类，利用碎片时间通过Anki卡片复习。

商务邮件模板拆解（每日15分钟）。

……

听力输入强化（每日5分钟）。

……

第二阶段：场景实战（第5~8周）

核心任务：模拟真实外贸谈判场景。

邮件撰写进阶（每周2天，每日15分钟）。

任务型写作：完成“还盘邮件”（如：对客户降价要求进行有条件接受）和“争议解决邮件”（如：因物流延迟提出补偿方案）。

……

第三阶段：综合演练（第9~12周）

核心任务：全真模拟与查漏补缺。

真题限时训练（每周3天，每日20分钟）。

邮件写作冲刺：限时15分钟完成BEC中级邮件题（如：回复客户对产品质量的投诉）。

……

工具与资源推荐

写作辅助：参考《BEC商务英语中级写作攻略》中的报告或建议书模板。

口语提升：加入BEC备考社群进行线上模拟谈判。

案例2：儿童西班牙语启蒙

提示词示例：

你是一名家长，要为西语零基础的8岁孩子制订学习计划，需激发孩子学习兴趣并掌握基础词汇，每周3次、每次20分钟。

下面是DeepSeek输出的学习计划：

8岁零基础西语学习计划（每周3次×20分钟）

核心理念：通过游戏化学习+高频场景互动激发兴趣，结合分级系统+生活渗透打基础。以下是分阶段可执行方案（附资源推荐）：

一、阶段目标与时间分配

1.兴趣激发（第1~2个月）

掌握80个生活高频词（食物、颜色、动物）；

能完成简单指令（如“Ven aquí”过来、“Dame cinco”击掌）；

对西语国家文化产生好奇。

2.基础巩固（第3~4个月）

拓展至200个词汇（家庭、学校、日常活动）；

用短句表达需求（如“Quiero agua”我要水、“Juguemos”我们玩吧）；

开始自主阅读分级绘本（推荐网页6提到的《RAZ西语版》）。

3.持续进阶（第5~6个月）

建立基础语法意识（动词变位入门）；

参与3分钟西语动画配音；

完成首个西语主题展示（如用西语介绍宠物）。

二、每周三次学习模块

模块1：动画沉浸+肢体互动（周一）

模块2：游戏化词汇拓展（周三）

模块3：情景角色扮演+阅读（周五）

……

三、日常渗透技巧

环境营造（家长辅助法）

……

激励体系（正向反馈机制）

……

关键原则

……

7.3.3 注意事项

仅将AI作为辅助工具，核心口语、写作输出需自主完成。上传作文批改时删除学校、个人信息；禁用AI工具存储包含地址、电话的对话记录。动态评估调整，每两周用CEFR标准自测表评估进度；当同一知识点连续3次练习全对时，手动提升材料难度。定期参与真人语言交换，如HelloTalk平台，检验AI学习成果。

通过系统性应用DeepSeek，外语学习者可以大大节省时间成本。技术是加速器，持续暴露于真实语言环境才是精通的关键。

7.4 预习和复习

DeepSeek可介入“知识地图生成”“重难点预判”“个性化测试题定制”等环节，解决“盲目预习”“无效刷题”“知识碎片化”等痛点。

7.4.1 DeepSeek辅助预习与复习的5步法

步骤1：学习目标建模

用结构化提示词明确需求：

需预习人教版高中物理《电磁感应》章节，2小时内掌握楞次定律与法拉第定律的核心公式，偏好实验案例辅助理解。

DeepSeek响应：

> 重难点预警：
>
> 标注“右手定则方向判断”“磁通量变化率计算”为高频易错点。

知识地图：

- 电磁感应现象
  - 楞次定律（方向判断）
    - 增反减同（磁通量变化方向阻碍）
    - 来拒去留（相对运动阻碍）
  - 法拉第定律（定量计算）
    - 动生电动势（导体运动导致磁通量变化）
    - 感生电动势（磁场变化引发涡旋电场）
  - 涡流应用（能量转化与工程实现）
    - 热效应（电磁炉、感应熔炼）
    - 机械效应（制动、阻尼、检测）

步骤2：智能知识梳理

输入教材页码或关键词获取资源：

解析《普通生物学》P120~135“细胞呼吸”章节，提取ATP生成路径对比表。

DeepSeek输出：

对比维度：有氧呼吸、无氧呼吸的场所，底物，ATP产量；

记忆口诀：“线粒体里三阶段，糖酵解后柠檬酸”（配合克雷布斯循环示意图）；

关联实验：推荐可汗学院《酵母菌呼吸作用测定》动画。

步骤3：定制化预习题库

生成针对性训练输出示例：

针对《管理学原理》激励理论章节，生成3道情景应用题，包含马斯洛需求层次理论的实际案例分析。

DeepSeek反馈：

某互联网公司为“95后”员工设计福利包，应优先满足哪个需求层次？请用双因素理论解释。

销售团队业绩下滑，如何运用期望理论设计激励方案？需包含效价×期望值×工具性公式应用。

模拟课堂提问环节，生成5个可能引发困惑的问题。

步骤4：动态复习规划

（1）提交学习数据触发调整

上周错题本显示“波动光学”干涉条纹计算错误率65%，请求强化方案。

DeepSeek建议：

专项训练包：

基础题：杨氏双缝干涉公式变形练习（10题）；

进阶题：薄膜干涉彩色条纹排序（结合肥皂泡案例）；

记忆强化：

制作“波动光学公式扑克牌”，每天随机抽取3张推导。

（2）遗忘曲线对抗系统

设置参数：

《法语语法精讲》已学完12章，设置：

新知识24小时内首次复习；

错误点3天间隔强化；

复杂内容7天周期回顾。

（3）错题深度剖析

上传错题本指令：

分析这50道错题，找出："概念混淆模式""解题路径偏差""学科思维缺失"。

步骤5：效果可视化反馈

生成学习报告：

统计《有机化学》月考复习数据，用雷达图展示各知识点掌握度。

DeepSeek输出：

> 掌握度分析：烷烃命名规则（90%）＞立体异构（75%）＞亲核取代反应（62%）；
>
> 补漏建议：观看MIT《SN1/SN2反应机理对比》公开课（附中文字幕链接）。

7.4.2 典型案例解析

案例1：高中生化学预习

背景：高一学生预习《化学键》章节，难以理解离子键与共价键的本质区别。

向DeepSeek输入：

用生活案例解释化学键类型差异，需包含动态示意图。

> DeepSeek输出结果：
>
> 类比解释：
>
> 离子键→"磁铁吸引"：Na+与Cl−的电荷相互作用；
>
> 共价键→"共享自行车"：O_2分子中电子云重叠。

互动实验：

用食盐（离子晶体）与冰糖（分子晶体）的溶解性对比辅助理解。

案例2：英语专业复习优化

背景：大三学生需系统复习英美文学史。

向DeepSeek输入：

我是一名大三英语专业的学生，请制定系统复习英美文学史的方案。

DeepSeek反馈：

知识网络构建：

将“意识流小说发展”拆解为“作家—技法—社会背景”三维矩阵；

创建“文学运动连连看”游戏。

记忆强化策略：

重要作品生成“三句总结”记忆卡（主题+技法+影响）；

开发“时代穿越”情景问答（扮演文学评论家分析经典）。

案例3：职场人技能培训复习

背景：产品经理学习SQL数据分析，需在3天内巩固JOIN查询语句。

向DeepSeek输入：

生成电商场景下的多表连接练习题，包含用户行为表与订单表。

DeepSeek输出实战题目：

统计2023年Q4购买过母婴用品且浏览≥5次的用户，使用LEFT JOIN关联浏览日志表与订单表；

错误模拟：故意编写包含WHERE与HAVING误用的错误代码，要求定位问题。

通过以上示例可以看出无论学生还是职场人士，都可以通过DeepSeek实现高效预习与复习，同时科学构建自己的知识网络。

7.5 应试备考

传统备考常面临“时间不足”“重点模糊”“效率低下”等问题，而借助DeepSeek等AI工具，考生可显著提升复习效率与精准度。

7.5.1 DeepSeek辅助应试备考的5步法

步骤1：考情数据建模

（1）用结构化指令明确目标

提示词示例：

备战2025年考研数学一。当前基础：高数部分70分，线代50分，概率论40分，目标总分120+，剩余180天。

DeepSeek回复：

> 能力分析雷达图：标注“无穷级数”“特征值计算”为致命弱点。
>
> 阶段规划：
>
> 基础期（1~60天）：专题突破“极限计算”“矩阵秩的性质”；
>
> 强化期（61~120天）：综合卷训练+命题规律总结；
>
> 冲刺期（121~180天）：近10年真题3轮精刷。

（2）知识体系构建

提示词示例：

请根据输入的考试大纲或教材目录，生成思维导图或知识树，标注高频考点与关联性。

请根据高中数学必修一目录，整理函数与几何的核心知识点，并标注近5年高考中出现的频率。

步骤2：智能复习规划

提示词示例：

距离雅思考试还有30天，请帮我制定一份听说读写四科均衡复习的时间表，每天学习4小时。

步骤3：目标资源获取

提示词示例：

我要参加2025法律职业资格考试，请为我列一个参考书清单。

步骤4：模拟实战训练

提示词示例：

生成高考语文现代文阅读模拟题，文本类型：科普说明文，设置4道选择题+2道主观题。

步骤5：动态策略调整

提示词示例：

省模考理综物理部分实验题失分率60%，请求专项强化方案。

DeepSeek建议：

> 实验专题包：
> 电学实验：半偏法测表头内阻误差分析（6种变式训练）；
> 力学实验：用手机phyphox软件重现平抛运动数据采集。
> 记忆工具：
> 制作“实验仪器操作要点”语音备忘录（每日通勤听3遍）。

7.5.2　实际案例

案例1：高中生物会考复习

背景：高二学生小林需在2周内突击会考，对遗传学计算题缺乏信心。

方案：

通过DeepSeek输入教材目录，生成“遗传定律—基因工程—生态学”三级知识树；

通过DeepSeek将孟德尔定律转化为口诀，如“显隐组合看子代，比例拆分不用猜”；

每日练习10道AI生成的遗传概率变式题，实时纠错。

案例2：英语四级冲刺备考

背景：大学生小张需在1个月内通过四级考试，听力与写作是弱项。

方案：

用DeepSeek分析近3年真题，总结听力高频场景，如校园对话、学术讲座等；

生成10篇作文模板，涵盖议论文、图表分析等题型；

每日完成1套AI生成的听力专项训练，并提交作文获取语法修改建议。

案例3：注册会计师（CPA）会计科目复习

背景：在职考生李女士工作繁忙，仅能利用碎片时间备考，对“长期股权投资”知识点理解困难。

方案：

通过DeepSeek将复杂准则拆解为流程图，关联实际案例，如企业并购会计处理；

利用通勤时间听AI生成的5分钟音频知识点总结；

每周完成1次AI模考，重点强化合并报表大题。

案例4：公务员考试行测提速

背景：考生行测资料分析模块超时严重，20题常耗时35分钟（标准为25分钟）。

提示词示例：

作为行测备考者，我需要：制定各模块时间分配方案，包含涂卡预留时间；提供资料分析的速算口诀，如增长率快速比较法。

要求：拒绝通用建议，需具体到选项特征分析，示例包含真题数据。

DeepSeek输出：

时间分配表：

常识判断（5分钟）：优先做时政、法律题；

言语理解（30分钟）：主旨题控制在40秒/题，逻辑填空用“语素联想法”；

判断推理（32分钟）：图推单题≤45秒，逻辑判断套用“搭桥拆桥”模板；

资料分析（25分钟）：每篇前4题必做；

数量关系（15分钟）：工程/容斥题优先计算；

涂卡预留（8分钟）：每做完2个模块涂一次。

7.5.3 注意事项

在应试备考场景中，同样需要合理分配人机协作，AI用于辅助信息整理与训练，核心理解仍需自主思考；对于AI生成的答案，尤其文科主观题，需对照权威资料交叉验证；避免过度依赖AI，忌用AI直接解题代替知识内化，需结合教材与课堂笔记；要及时关注考试动态，AI可能无法及时更新最新考纲变化，需手动补充调整；要保护隐私，避免上传含个人信息的真题或答案，防止数据泄露。

7.6 职业技能规划

传统职业规划经常滞后于行业变化，借助DeepSeek等AI工具，个体可快速获取行业动态、定制学习方案并优化职业决策。

7.6.1 职业技能规划方法

1. 行业与岗位分析

输入目标行业或岗位名称，获取技能要求、薪资趋势及发展前景分析。

提示词示例：

请分析2024年人工智能行业的数据分析师岗位核心技能要求，并列出3个相关学习资源。

2. 个人能力评估

提交简历或描述当前技能，生成能力雷达图并对比目标岗位差距。

提示词示例：

我掌握Python基础、SQL和Excel，希望转型商业分析，请评估我的技能匹配度并推荐提升方向。

3. 学习路径设计

根据目标岗位要求，生成分阶段学习计划（含时间节点、资源链接）。

提示词示例：

零基础学习UI设计，请制订一份6个月入门到求职的学习计划，包含软件学习、作品集制作和面试准备。

4. 求职策略优化

模拟面试、优化简历话术、分析岗位说明关键词，提高求职成功率。

提示词示例：

请针对“跨境电商运营”岗位说明，帮我优化简历中的项目经验描述，突出数据分析能力。

7.6.2　应用案例

案例1：传统行业从业者转型新媒体运营

背景：教培行业教师王女士因行业调整，计划转行至新媒体运营。

（1）知识迁移

提示词示例：

如何将教师经历的课程设计、沟通能力转化为新媒体运营优势？

DeepSeek方案：

（1）课程设计能力可以转化为内容策划与用户需求洞察

教师的课程设计能力可直接转化为新媒体运营的内容框架搭建能力；教师常用的学情分析可迁移为用户画像构建；结构化思维可转化为内容矩阵设计能力；教学效果复盘经验可用于内容数据监测，如根据完播率调整视频节奏。

（2）沟通能力可以转化为用户运营与IP人设打造能力

教师的课堂互动技巧可升级为社群运营与粉丝黏性提升的核心竞争力；教师将复杂知识通俗化的能力有助于塑造专业且亲和的IP形象；教师针对不同学生群体的差异化教学能力，可转化为用户分层运营策略。

（2）学习规划

提示词示例：

为零基础转型者设计4个月新媒体运营学习路径，重点突破文案、短视频剪辑和数据分析。

DeepSeek方案：

学习规划：零基础转型者4个月学习路径设计

第一阶段：认知搭建与工具入门（第1个月）

核心目标：建立新媒体运营基础框架

学习重点：

①行业认知：拆解10个教育类头部账号的内容结构、变现模式。

②工具掌握：

图文：135编辑器排版、Canva设计（制作《学科知识图谱》模板）。

视频：剪映基础剪辑、AI配音工具（生成3个1分钟知识短视频）

③数据分析：学习解读新榜、蝉妈妈数据看板（完成1份账号诊断报告）。

第二阶段：文案与短视频专项突破（第2~3个月）

文案能力：

①痛点挖掘：通过知乎、家长论坛收集100条教育焦虑问题，提炼“3步解决孩子拖延症”等选题。

②结构优化：运用AIDA模型撰写转化文案，如免费资料领取话术，配合STAR原则撰写学员案例。

……

第三阶段：数据分析与实战闭环（第4个月）

数据驱动优化：

①建立《内容效果监测表》，跟踪点击率、转化率等核心指标。

②通过A/B测试优化标题。

（3）实战模拟

提示词示例：

生成一个教育类账号的1周内容选题表，包含图文和短视频两种形式。

DeepSeek生成实战模拟的选题表和执行要点：

实战模拟：教育类账号1周内容选题表

日期	图文选题(公众号)	短视频选题(抖音/视频号)	核心策略
周一	新学期高效预习法(附模板)	教师演示3分钟知识脑图	痛点解决+工具赋能
周二	3种毁掉孩子自信的表扬方式	动画对比无效vs科学鼓励	情感共鸣+反常识选题
周三	初中物理浮力公式记忆口诀(漫画)	鸡蛋沉浮实验讲原理	知识可视化+趣味互动
周四	教育部课后服务新规解读	街访家长、学生谈“双减”政策	政策热点+UGC内容
周五	中考作文高频主题清单(免费领)	教师口播“阅卷老师讨厌的作文开头”	资源引流+权威背书
周六	班主任班级管理神器推荐	情景剧:高情商处理课堂违纪	场景化经验+社群运营
周日	TED教育演讲TOP10推荐	混剪TED金句+学生逆袭案例	资源整合+情感激励

执行要点：

内容联动：图文与短视频互相导流（如周一的高效预习法模板在视频评论区置顶链接）；

数据监测：每日跟踪点击率、收藏率，周末集中复盘优化；

人设强化：统一使用“××老师”称呼，封面采用教室、黑板视觉元素建立品牌辨识度。

最后，王女士通过AI推荐的免费工具快速上手，搭建个人账号，成功入职MCN机构。

案例2：程序员晋升技术管理者

某IT公司Java开发组长管理5人团队，需提升项目管理与跨部门协作能力。

提示词示例：

生成技术管理者180天能力提升计划，重点突破敏捷流程优化与向上汇报技巧。

DeepSeek方案：

学习模块：

敏捷冲刺规划（Jira高级配置）；

技术方案汇报框架（5页PPT法则）。

训练工具：

用Miro模拟迭代评审会议；

每周撰写《管理者周记》并提交AI分析。

7.6.3 注意事项

DeepSeek在职业技能规划中可承担“职业顾问”“学习教练”“面试导师”三重角色，帮助个体从“盲目试错”转向“科学决策”。DeepSeek实现高效职业规划的关键在于“精准需求定义+动态路径迭代”，比如提取对标公司与对标岗位招聘中的隐性能力需求、量化成长路径，可以快速提升职业成长效率，在快速变化的职场中持续保持竞争力。同样需要注意的是，AI建议需结合人类经验判断，关键决策如转行、跳槽等仍需综合家庭、经济等现实因素考量。

7.7 科学研究

传统科研常面临“文献筛选低效”“实验试错成本高”“跨学科

协作困难”等挑战，而DeepSeek可以帮助研究者提升效率、拓展思路并优化资源整合。

7.7.1 DeepSeek辅助科学研究的核心价值

1. 文献智能分析

快速提炼领域研究热点与空白，生成文献综述框架。

2. 实验设计辅助

通过模拟运算减少无效实验组，提供跨学科研究方法参考，降低试错成本。

3. 数据处理加速

解读复杂数据模式，推荐可视化方案与统计方法。

4. 学术表达优化

改善论文逻辑结构与语言表述，提升投稿通过率。

7.7.2 应用案例

案例1：材料科学研究生突破实验瓶颈

问题背景：研究生小陈研究“石墨烯复合电极材料”，因材料导电性提升停滞，项目进度受阻。他通过DeepSeek从以下三个角度分别输入提示词：

（1）文献挖掘

提示词示例：

近2年有哪些通过掺杂过渡金属提升石墨烯导电性的创新方法？请总结3种方案的优缺点。

（2）实验优化

提示词示例：

现有铜箔基底、CVD制备设备，请设计3组不同退火温度的对比实验参数表。

（3）数据解读

提示词示例：

XRD图谱在26.5°出现杂峰，可能是什么杂质？需要补充哪些表征手段？

案例2：文献综述结构化生成

问题背景：纳米材料在肿瘤光热治疗中的应用存在机理不明确、生物相容性差等问题，需系统梳理近五年国内外研究进展。

提示词示例：

请基于Web of Science核心合集与PubMed数据库，分析2019—2024年间关于金纳米棒光热治疗肿瘤的英文文献。要求：

①按“材料设计—机制研究—动物实验”三级框架分类；

②对比中、美、日三国研究团队的技术路线差异；

③生成包含“光热转换效率”“肿瘤穿透深度”“长期毒性”的对比表格；

④标注高被引论文（被引>100次）与临床试验阶段成果。

DeepSeek输出内容：

关键研究进展：日本团队开发的双层包覆金纳米棒光热转换效率突破63%（2022）；

技术瓶颈：金属离子释放导致肝损伤的共性难题（共涉及37篇文献）；

未来方向：建议探索仿生细胞膜包裹技术。

附对比表格（含18种纳米材料的性能参数与临床转化阶段）。

案例3：学术伦理审查

问题背景：涉及人类基因数据的临床研究，需规避隐私泄露与数据滥用风险。

提示词示例：

生成包含以下维度的伦理审查清单：

①数据脱敏：基因组坐标偏移算法参数设置；

②知情同意：特殊人群（未成年人、精神障碍者）授权流程；

③利益冲突：企业赞助研究的成果发布限制条款；

④突发预案：数据泄露后的72小时应对流程。

DeepSeek输出内容：

> 三级脱敏标准：SNP位点模糊化处理 ±5bp；
>
> 双盲审查机制：独立伦理委员会交叉验证；
>
> 风险处置方案：与网络安全公司签订应急服务协议。

案例4：医学临床数据研究

背景：医院李医生收集了200例糖尿病患者随访数据，需快速产出临床分析报告。

通过DeepSeek从以下三个角度分别输入提示词：

（1）数据清洗

提示词示例：

患者数据包含缺失值与异常值，请编写R语言代码自动处理并生成报告。

（2）统计分析

提示词示例：

比较二甲双胍与胰岛素治疗组的血糖控制效果，推荐统计检验方法并解释结果。

（3）图表优化

提示词示例：

将生存分析结果转化为Kaplan-Meier曲线，标注风险比与置信区间。

7.7.3 注意事项

DeepSeek实现科研突破的关键在于“人机协同创新”，用“知识图谱指令”快速定位研究空白；用“对抗生成网络”设计创新实验；用“异常检测算法”发现颠覆性现象。掌握这些方法，可以大幅提升科研效率，在学科交叉领域实现更多原创性突破。

DeepSeek在科学研究中可充当“智能科研助理”，帮助研究者从“低效重复”转向“高价值创新”。但需牢记：AI无法替代研究者的批判性思维与创新性假设，其价值在于“提升效率”而非“替代思考”。

第8章 持续进化：与AI融合发展

8.1 AI的发展趋势与DeepSeek的进化

8.1.1 AI行业的范式跃迁：从“算力霸权”到“效率革命”

1.轻量化与本地化成为主流

全球AI行业正经历从“堆参数、烧显卡”的算力竞赛向“轻量化+本地化”的效率革命转变。以DeepSeek为代表的大模型通过蒸馏技术与算法优化，使得企业和个人用户在普通电脑上即可本地运行专业级大模型，大大降低了对云计算依赖度，不仅性能与全球顶尖闭源模型GPT-4o和Claude-3.5-Sonnet不相上下，而且其训练成本仅为GPT-4o的1/20。DeepSeek的这种变革打破了科技巨头对AI的垄断，使中小企业也能以更低成本定制行业专用模型，例如医疗助手可解读影像数据并优化诊疗方案，准确率较通用模型显著提升。

2. 多模态融合重构应用边界

AI正从单一模态向跨模态协同进化，推动全球AI应用覆盖率从2023年的28%跃升至2025年的85%（根据赛迪顾问数据预测）。例如，DeepSeek可以通过整合文本、图像与动态数据，在自动驾驶领域生成覆盖绝大多数罕见交通场景的虚拟数据集，减少实车测试风险。法律行业则可以借助多模态合同审查系统，将处理时间从8小时压缩至20分钟。

3. 开源生态与技术平权化浪潮

DeepSeek的开源战略正在重塑行业格局，其V3版本性能对标国际闭源模型，R1版本实现完全透明的推理过程，吸引了全球开发者参与生态建设，衍生应用覆盖了超过130个细分领域。开源工具降低开发门槛，欠发达地区可以通过算力共享平台，以较低成本获得与一线城市接近的模型性能。

8.1.2 DeepSeek的技术突破与进化方向

1. 算法架构的颠覆性创新

DeepSeek的混合专家系统（MoE），通过动态分配计算资源，在降低并行需求的同时提升了复杂推理的能力；当前模型仍受限于统计学习框架，DeepSeek正在研发因果图嵌入技术，实现人类级因果联想能力；此外，DeepSeek研发团队还在积极探索量子计算与动态数学建模融合，通过将复杂问题分解为量子比特态空间，模型推理速度有望再提升1000倍。以医药行业为例，量子化推理架构将大幅提升分子模拟效率，新药研发周期有望从12年缩短至3年。

2. 垂直场景的深度渗透

DeepSeek正在重塑产业应用场景。在医疗领域，其与协和医院合作开发的临床决策系统，通过融合多模态病历数据与医学知识图谱，有效提升了罕见病的诊断准确率；在制造行业，其研发的智能体框架支持多模态感知与自主任务分解，使某汽车工厂的排产效率显著提升；在AI与垂直场景深度渗透的同时，AI的能力也在从执行层向决策层进化，实现从“工具智能”到“系统智能”的跃迁。

3. 人机协同的信任机制构建

透明推理更可信，也更聪明。DeepSeek的一个突出优点在于它的推理透明性，这种设计不仅提高了模型的可解释性，还为模型的蒸馏过程提供了强大的支持。DeepSeek-R1作为具备透明推理特性的语言模型，其核心设计理念在于提升模型决策过程的可解释性。该模型通过结构化技术路径实现推理过程可视化，主要技术特征包括：

（1）推理链显性化

采用显式推理链生成技术，将传统黑箱模型的隐含推理过程转化为可追溯的思维链条。此机制不仅展示最终结论，同时呈现逻辑推导的中间步骤，类似人类解决问题的逐步推演过程。

（2）模块化架构设计

通过模块化可追溯架构将复杂推理任务分解为独立功能单元，每个模块负责特定推理环节，如前提分析、逻辑转换、结论生成等。这种设计支持分阶段验证和错误溯源。

（3）动态证据整合

动态证据链技术实现实时信息关联，在推理过程中自动标注支持结论的数据依据。该机制增强了结论的可验证性，允许用户追溯结论的原始数据支持。

（4）交互验证机制

交互式透明机制提供多级推理展示功能，用户可根据需求展开、折叠推理细节，并通过反馈接口进行人工验证，形成人机协同的推理验证闭环。这种透明性对模型优化具有双重价值——既可作为错误诊断工具辅助开发者优化模型，又能通过展示可信的推理过程增强终端用户的决策信心。值得注意的是，AI的透明性研究仍存在“解释可信度验证”等未解难题。因此，关键场景的应用仍需要结合人工审核等补充验证机制。

除了推理过程透明化，DeepSeek还致力于通过DeepSeek-Ethics优化道德决策算法。2022年，DeepSeek发布了全球首个AI伦理治理框架“DeepSeek-Ethics”，该框架为AI的开发和应用提供了全面的伦理指导，突出了AI系统的透明性、公平性、责任性。

此外，DeepSeek还采用联邦学习技术，确保一些特定行业的敏感数据可以在本地闭环处理，避免隐私泄露，从推理过程、数据安全、伦理治理多重角度构建人机协同时代的信任机制。

DeepSeek的进化不仅是技术迭代，更是一场生产力革命。当个体能用100美元的设备运行专业AI时，技术创新才真正从实验室走入日常生活。这场变革的终极目标不是替代人类，而是构建“人机共生”的新文明形态——正如DeepSeek等AI工具在职场和生活诸多场景中的应用，正在成为人类的“AI助手”“第二大脑”“认知外骨骼”，其核心价值是通过人机协同放大人类的决策能力。

8.2 AI对未来社会和人类生活的影响

8.2.1 智能增强时代的技术突破

2025年至2030年，人工智能技术将推动人类文明进入“智能增强时代”。这一阶段的AI发展呈现出三大特征：全场景渗透（智能设备覆盖90%生活场景）、认知协作（人机共同完成复杂决策）、自我进化（AI系统实现代码级自主迭代）。

这些技术突破正在重构社会运行的底层逻辑：智能眼镜可实时翻译20种语言；通过多模态交互，外科医生可远程完成血管缝合；具身智能突破让家庭机器人掌握3000+种技能；工业机械臂通过触觉反馈学习“手感”，将装配精密仪器的良品率提升至99.99%；农业无人机群自主完成万亩农田全流程管理……这些变革正重塑能源、制造、医疗、农业等基础领域，标志着物理世界与数字世界的深度融合正在加速突破临界点。

8.2.2 职业生态：从岗位替代到能力升级

除了重构社会运行的底层逻辑，AI正在重塑就业市场，个体职业发展路径面临深刻转型。

传统岗位被AI替代，向AI转型的步伐将进一步加快。客服、会计、制造业等重复性工作已出现显著的被替代趋势。例如，制造业智能机器人使生产成本降低，客服行业的咨询岗位由AI接管。但这也催生了新型职业机会：比如，制造业工人通过学习数字孪生技术转型为智能产线运维师，带来新的职业发展机会；AI驯兽师（调试对话模型）、元宇宙建筑师（设计虚拟空间规则）等新兴职业岗位需求激增。这些新岗位的出现也带来了职业能力评价体系的重构，要求从业人员具备“行业知识+AI工具”的跨界能力。

8.2.3　生活模式：从效率工具到生活方式

AI正渗透日常生活的每个角落，改变个体的生活方式与价值追求。比如智能管家系统可以带来家务效率提升，家庭能源消耗降低；智能健康管理系统，可以通过可穿戴设备实时监测健康数据，生成个性化方案，降低慢性病发病率；在元宇宙中，用户可通过AI生成的虚拟分身同时参与商务会议与艺术创作，大大提升时间利用率。在元宇宙世界，不仅虚拟体验升级，用户的精神需求也将得到充分释放与满足。普通用户也可以利用AI工具创作数字艺术作品，在平台获得收益。

8.2.4　学习革命：从知识记忆到能力培养

教育体系与个人学习方式正在经历根本性变革。技术能力的半衰期缩短，迫使从业者建立持续学习体系，终身学习成为人类生存的刚需；个性化学习已经成为现实，人类学习的重点也将从知识记忆转向培养批判性思维与创新假设能力。

一方面，知识获取更加民主化。教育平权、开放式教育平台使偏远地区学生，可以低成本获得与一线城市同等的资源；另一方面，认知差异也将进一步扩大：AI辅助人群与数字弱势群体之间的“信息鸿沟”也会逐渐拉大，AI带来的技术“马太效应”也将进一步加剧。

8.2.5 个体应对策略：在技术浪潮中锚定价值

1.能力组合策略

构建个人三角能力模型，包括AI工具运用（如Midjourney绘画）、行业洞察（如医疗流程优化）、情感智能（如客户共情）的融合。

2.职业选择逻辑

做“AI导演”而非“零件”，要选择需要人类判断力的领域，如法律AI需律师审核建议，教育AI需教师设计育人框架。在职业赛道的选择上应遵循以下“公式”：自动化系数（被替代风险）<创造力权重（创新空间）+情感附加值（人际互动需求）。

3.生活价值重构

AI时代，个体生存逻辑已发生本质变化：比如某程序员利用业余时间训练AI模型生成古典音乐，某位宝妈利用AI育儿助手定制早教方案，某位咖啡师通过AI分析顾客口味数据推出爆款饮品系列……这些案例揭示：AI不是淘汰者，而是能力放大器。AI时代，职业发展的底层动力已经从“生存竞争”转向“兴趣驱动”。

4.时间管理法则

将AI节省的40%工作时间用于技能提升或家庭陪伴，实现工作生活再平衡。

AI时代，未来的赢家将是善用AI拓展能力边界，同时坚守人类特质的“新技能复合体”，他们既会调用AI分析市场数据，也懂得在谈判桌上捕捉微妙的情绪变化。在这场变革中，个体的主动性将决定你是乘风破浪的冲浪者，还是被浪潮吞没的旁观者。

8.3 思维升级：积极培养AI思维，建立人机协作习惯

8.3.1 AI思维：个体生存的“第二操作系统”

当AI能以0.3秒完成法律条款检索，用5分钟生成商业计划书时，人类必须重新定义自身价值。ChatGPT、DeepSeek等增强AI工具的出现，意味着AI不再局限于重复性劳动替代，而是开始介入知识生产、艺术创作等传统“人类专属”领域。每个人都应当培养AI思维，建立“人机协同”的生存策略，在人机协同的新生态中，找到自己的进化路径。

8.3.2 认知重构：培养AI思维的三重维度

1.心态重塑：从“对抗者”到“指挥官”

首先，在技术层面要超越对AI的“黑箱恐惧”。普通用户无须深究神经网络原理，而应建立“输入—输出”的认知模型，就像驾驶员不必精通内燃机结构，但需掌握方向盘与油门的关系。理解AI的确定性（精准执行指令）与不确定性（创造性输出）边界是消除技术恐惧的关键。

要破除AI恐惧，需要走出三重认知误区。

（1）替代恐慌：会计岗位虽被AI替代，但转型财务分析师的需求却增长得更多；

（2）工具崇拜：过度依赖AI生成方案将导致决策能力退化；

（3）学习惰性：认为“AI万能”而停止知识更新。

2. 积极自主，构建AI时代核心心态

首先是积极自主的心态，将AI视为“智能外脑”，实现从“工具”到“伙伴”的转变。如设计师用Midjourney快速生成10版初稿，再人工精选优化；其次是动态学习的心态，每月投入5小时学习新

工具，保持技术敏感度；第三是坚持价值锚定原则，明确“人类不可替代领域”——情感共鸣、跨领域创新、复杂决策。

3. 思维升级：AI时代掌握三大元能力

（1）量化思维

通过量化思维，将任务拆解为AI和人工两大部分，比如将“写商业计划书”拆解为市场分析（AI）、财务模型（AI）、核心优势提炼（人工）。例如销售主管小王用DeepSeek生成100个客户常见问题，再人工筛选优化为20个关键应答策略，培训效率提升3倍。

（2）人机分工思维

建立人机分工的思维，不断优化人机分工的边界。效率型任务，比如数据整理、信息检索、模板生成交给AI；价值型任务，比如战略决策、创意激发、情感维系由人类主导；决策流程，由人类输入需求，AI生成成套方案，经人工评估、反馈不断优化流程。

（3）迭代验证意识

建立测试机制，重要方案需人机双线验证。比如，教师可以用AI批改作文后，随机抽检30%进行人工复核，既能节省60%的时间又保证了质量。

AI输出的本质是概率分布，需建立“置信区间”意识。当AI提供答案时，我们需要追问：“这个结论在哪些数据范围内有效？存在哪些潜在偏差？”这种思维可将AI的统计优势与人类经验判断有机结合。在这个过程中，关键在于建立“三次验证”机制：初始判断→AI分析→交叉验证，这种思维模式让人类直觉与机器计算形成闭环。

8.3.3 习惯养成：构建人机协作的日常系统

1. 工具整合策略

将不同数字化工具分层，逐步掌握，按需组合。

基础层：文档处理、Excel表格……

进阶层：数据可视化、Python自动化……

创新层：AIGC、数字孪生……

2. 工作流再造

五步重构法：

（1）梳理现有流程；

（2）标注可自动化环节；

（3）测试AI工具替代方案；

（4）优化人机交互节点；

（5）建立异常处理机制。

3. 知识管理新范式

“双脑”协同系统：

人脑：领域洞察、经验直觉、价值判断；

AI脑：知识检索、信息整合、记忆强化。

在人机协作习惯的培养中，首先是通过AI实现知识点的智能关联，形成独特的知识网络结构，其次是交互记忆系统开发。研究表明，与固定AI助手持续互动6个月以上的用户，任务协作效率比随机使用高53%。关键在于建立“交互记忆”，让AI深度理解用户的思维模式与决策偏好。

8.3.4　未来图景：在人机共生中重新定义人性价值

当AI接管越来越多“可计算”的工作时，人类独特的价值反而更加凸显。教育学家发现，能够熟练使用AI的学生，其批判性思维得分比对照组有明显提高，这说明技术增强而非削弱了人类智慧。未来的核心竞争力，在于将机器的“计算理性”与人类的“意义构建”能力创造性融合。

在这里向读者建议实施“90天进化计划”：前30天重点改造工

作流，中间30天训练协同思维，最后30天构建增强系统。定期进行“人机效能审计”，评估哪些能力被增强，哪些需要保护性发展。记住，AI不是“诺亚方舟”，而是进化加速器——真正的航行方向，始终掌握在人类手中。

8.4 持续迭代，与AI融合发展

AI时代，新型人机关系的本质不是替代与被替代，而是通过能力互补形成“智能增强回路”，构建个人AI增强系统。认清人类与AI的能力边界是人机协同的一个重要前提。

8.4.1 清晰比较优势

首先要知己知彼，认清人类与AI各自的确定性优势。比如，机器的确定性优势是基于量化要素的计算能力。亚马逊物流中心的智能分拣系统，在数据处理上可以实现毫秒级的响应，这种机器能力是人类神经系统的物理极限无法企及的。

相比之下，人类的确定性优势是模糊决策与共情能力。比如在评估早期创业项目时，资深投资人结合直觉进行判断的准确度要高于AI模型，这种差异源于人类对“不可量化要素”的处理能力。

8.4.2 人类不可替代的三大核心区

1. 价值判断的“模糊地带”

AI可生成10套营销方案，但选择哪套契合品牌调性需人类判断；AI能诊断疾病，但治疗方案需结合患者经济状况与心理承受力。

我们可以从两个方面加强对价值判断的培养：

（1）构建“价值观决策模型”；

（2）定期进行“无AI决策训练”。

2. 跨领域创新的“连接能力”

AI辅助可以大幅提升跨学科创新效率，但核心创意仍来自人类的知识迁移能力。

这方面的提升路径有：

（1）用AI建立跨领域知识图谱；

（2）每周进行“强制联想训练”。

3. 情感共鸣的“温度传递”

以心理咨询为例，虽然AI心理咨询的准确回复率可以达90%以上，但用户满意度并不高，人类咨询师通过共情建立的信任感不可替代。

实际工作中，关键场景，如商务谈判、客户维护等，仍需保持面对面交流。可以发挥AI数据处理的优势，用AI分析情绪数据，人工设计共情话术。

个体在与AI融合发展的过程中，“扬长避短”“取长补短”非常重要。扬长避短，是要深耕人类不可被替代的三大核心区，这是人类在AI时代持续发展的“保护区”，要在这些领域构建“不可替代性”三角模型，即由“复杂情境判断”（危机处理、价值观权衡）、“跨域连接能力”（技术+人文的整合）、“元认知监控”（对自身认知过程的监控、反思、调整能力）组成的竞争力三角。

8.4.3　持续迭代人机协同的边界

随着AI能力的提升，以及个体驾驭AI能力的提升，人机协同的边界也在不断变化，持续迭代。除了人类和AI各自的优势领域之外，还有渗透区（AI增强领域），比如知识检索、创意激发、决策预演等领域。在这些领域，人类与AI需要持续迭代和优化人机协同的边界。

附　录

一、高频场景提示词模板

1. 智能客服应答

请根据订单ID自动生成状态回复，同步关联FAQ解决方案库。

2. 个性化商品推荐

你是一名推荐算法工程师，请分析用户30天行为数据生成Top10商品列表，匹配动态偏好标签。

3. 智能办公提效

你是一名风控专员，请预设多层级退款规则，实时拦截异常订单并触发预警邮件。

4. 生活服务规划

制订北京3日亲子游计划：孩子6岁，兴趣恐龙/手工，需含交通接驳+特色餐饮+安全注意事项。

5. 内容创作支持

撰写防晒衣短视频脚本：突出UPF50+材质卖点，植入海边露营场景，添加#户外装备热门标签。

6. 投资策略生成

为保守型投资者配置100万元投资组合：股债比例≤3:7，提示美联储加息对债券持仓影响。

7. 健康管理咨询

根据体检报告（血脂偏高、BMI 26），制定月度饮食运动方案，标注高血压患者禁忌。

8. 心理情绪疏导

识别用户"工作压力大失眠"情绪类型，提供5种认知行为疗法，推荐睡前冥想技巧。

9. 智能课业辅导

解析初中几何题：已知圆内接四边形边长求面积，分步讲解托勒密定理应用，提示辅助线误区。

10. 代码智能生成

你是一名全栈工程师，请将自然语言需求转换为Python代码，自动添加异常处理模块。

11. 医疗诊断辅助

根据"持续胸痛+糖尿病史"症状，建议优先排查的3项检查，标注需紧急就医的指征。

12. 动态报表生成

链接MySQL销售数据库，按地区、产品线统计Q2同比增速，生成柱状图+数据透视表，导出Excel。

二、常见问题

问题1：服务器频繁提示"繁忙"。

原因分析：用户激增导致负载过高。

解法：错峰使用或切换接入平台，比如选择深夜、早晨使用，或通过第三方平台接入。

问题2：如何辨别正版安装渠道?

关键：认准官网或官方App，警惕"破解版""会员版"收费陷阱。

官方入口：网页端chat.deepseek.com，App名称为DeepSeek-AI智能助手。

问题3：文件上传失败。

原因分析：文件过大导致处理延迟。

技巧：压缩文件，分批次上传；图片类文件可使用手机拍照而非上传本地大文件。

问题4：语音交互功能缺失。

原因分析：暂不支持语音输入。

解法：可用微信语音转文字，或安装讯飞输入法进行语音打字等方式间接实现。

问题5：回答准确性不足。

优化提示词：追问“能说得更详细吗？”具体方法可参考本书提示词技巧。

问题6：移动端应用闪退。

原因：高并发访问压力。

解法：优化移动端资源分配。

问题7：联网搜索功能异常

原因分析：高峰期服务器负载过高或官方临时关闭功能。

解法：使用第三方平台转搜索需求，或关注官方公告功能恢复时间。

问题8：上传文件按钮无法使用

原因分析：未关闭联网搜索功能（附件上传入口需关闭联网搜索功能激活）。

解法：点击关闭联网搜索。

问题9：如何导出对话记录?

原因分析：由于功能限制，暂时无法批量导出。

解法：单次复制或截图。

问题10：支持哪些文件格式?

原因分析：格式兼容性限制。

解法：选择PDF、TXT、PPT等主流格式。